生命のからくり

中屋敷 均

講談社現代新書
2268

まえがき

秋になると小さなぶどうのような可愛い実をつける〝葛藤〟という植物がある。手籠等の工芸細工の材料ともなる蔓性植物で、他の樹木や草花に蔓を絡ませる姿が山野の林縁などで時折見られる。そのツヅラフジ等の蔓が、他の植物と互いにもたれ合い、競い合い、絡み合う様が、「葛藤」という言葉の語源となっている。

生命は、根源的な「葛藤」を持っている。それは、生命には相矛盾する二つの性質、「自分と同じ物を作る」ことと「自分と違う物を作る」ことが必須であることに起因している。自分と同じ子孫を作ること、すなわち自己複製は、種の存続を支える大切な性質であり、どんな生き物も自分とよく似た子供を作る。しかし、一方、猿から進化して人類が出現したり、環境の変化に対応した変種が現れるような「自分とは違った存在」を作り出

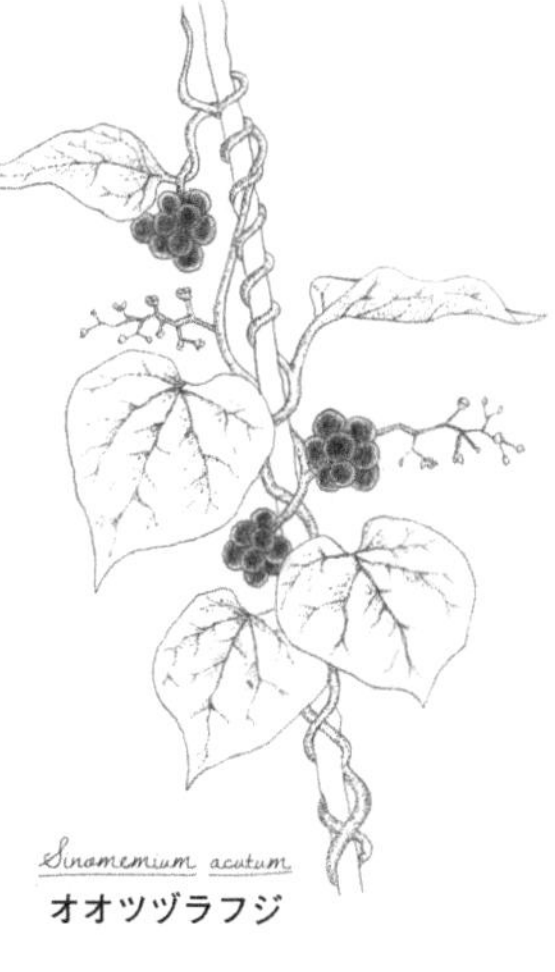

Sinomenium acutum
オオツヅラフジ

していくのも、また生命に欠かせない特徴である。この二つの性質は、表面的には正反対のベクトルを持っており、生命の歴史は、言うなれば、この自己肯定と自己否定の「葛藤」の中で育まれてきたようにも思える。本書の底流を成しているテーマが、この生命の「葛藤」である。

さて、この「葛藤」を生命はいつから抱えてきたのだろうか？　現在の生物学では、最初の「生命」、あるいはリチャード・ドーキンスの言う「自己複製子」のような「生命の素」は、鉱物のような無機物から化学進化によって生じたと教える。いったい、どのような仕組み（からくり）を想定すれば、単純な化合物から、現在の生物のような複雑な仕組みを持った「生命」を生み出すことが可能になったのだろう？　それはたった一度きりの「奇跡」であったのか、それともそのからくりを現在の生物もまた保持しているのだろうか？

本書で述べられた、その「からくり」の中心にあるのは、小さな二つの〝自動機械＝オートマタ〟である。その二つのオートマタは、誰に言われたでもなく〝二人遊び〟のような分子のパズルを繰り返している。それは「時」がもたらす「崩壊」より早く、自分と同じ分子パターンをいかに多く作り出せるかというパズルだ。億劫（おくこう）の時を越え、幾度も幾度も繰り返される試みの中、時折現れる「幸運」、すなわちそのパズルの解をその二つの自動機械は「自らの形」として刻み、書き留め続けた。その姿は、たとえるなら、遥かに広がる蒼き草原から四葉のクローバーだけをひとりでに集める機械だ。四十億年もの間、偶然という名の緑野から「幸運」を摘んでは、それを二人で集め続けた。

その二つのオートマタは、どうやってこの地球上に現れ、どういう特徴がそのパズルの実行と解の蓄積を可能としたのだろうか？　彼らは、ある時はＤＮＡ、ある時はＲＮＡ、またある時はもっと違ったものだったかもしれない。ただ、それらが織りなすリズム、その動作原理は不変であり、姿かたちを変えながらも、化学進化が始まった原始の地球から現在に至るまで、心臓の鼓動のように、時を越えて生命の営みを動かし続けてきた。それは生命の持つ「自分と同じ物を作る」という「静」の性質と「自分と違う物を作る」という「動」の性質、その相克と葛藤が織りなすリズムであった。

本書は、そんな生命観に基づいて、現在の生命科学の先端的な知見を織り込みながら、生命を動かしている原理について考察したものである。「先端的な知見」などと言いながら、このようなイメージ描写に終始した「まえがき」となってしまったことは汗顔の至りであるが、本書で読者の皆さまにお伝えしたいことの全体像とはこのようなものである。

本書を読み終えた時、そのイメージが多少なりとも新しい科学的な知見に基づいたものなのだという実感へと変わっていることを願っている。

あたかも互いに巻き付く蔓のように、私たちの細胞の中心には生命の設計図と言われるＤＮＡが二重螺旋（らせん）の姿で収められている。そのシンプルで美しい二重螺旋の姿をどこかに思いながら、生命を生命たらしめている、互いにもたれ合い、競い合い、絡み合う二つの力について、本書では、これからしばし考えてみたいと思う。

目次

帯・まえがきイラスト／織田紫乃

序章

生命の糸・ＤＮＡ

DNAの基本構造

私たちの体を構成している細胞の中には長い「糸」がある。その「糸」とは、私たちの生命の糸、そうDNAである。人間の場合、平均的な細胞の長さは10〜20㎛（10㎛は、1㎜の100分の1）程度であるが、1細胞に存在するDNAをつなげて直線状に伸ばすと長さは約2mにもなる。細胞の長さのなんと10万倍以上である。ヒトの体は約60兆個の細胞から成り立っていると言われており、その細胞にあるDNAをすべてつないで並べると、その全長は120兆mという計算になる。120兆m、すなわち1200億㎞とは、太陽系の直径の約10倍にあたる。太陽系にある惑星・準惑星の軌道をすっぽりと包み、さらに惑星たちの外にある2億個もの彗星が眠ると言われるカイパーベルトさえ余裕で越えるような長さになる。その長い長い「糸」たちが私たちの運命を大きく左右している。

DNAの「糸」に相当する部分を構成する主要素はデオキシリボースという糖である（図1右）。このデオキシリボースが1ユニットとなり、リン酸を介してたくさん直線状に連結することでDNAの細長い「糸」が形成される。子供の頃、洗濯バサミをたくさんつないで遊んだ記憶があるが、十数個もつなぐとくねくね曲がるひものようになる。そんな

デオキシリボース・リン酸鎖　　　　　　　デオキシリボース

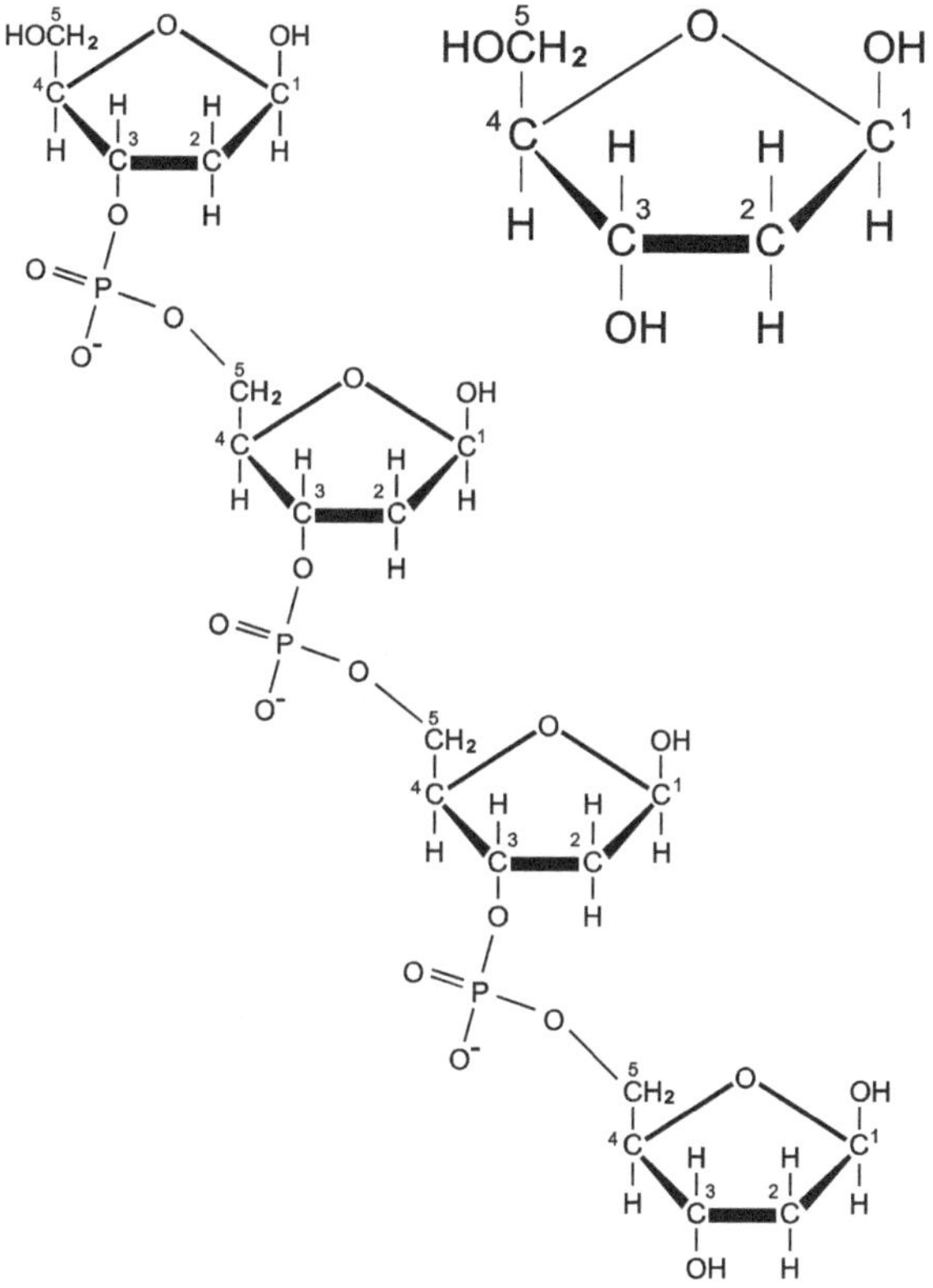

図１　ＤＮＡの基本構造Ⅰ
デオキシリボース・リン酸鎖（左図）、デオキシリボース（右図）

イメージだろうか。分子レベルで話をすれば、デオキシリボースには炭素原子が5つあり、図に書かれたような順番で1から5までの番号がついている。2番目と4番目を除いて各炭素には水酸基（OH）が結合しているが、この水酸基の反応性を利用して、3番目の炭素と次のデオキシリボースの5番目の炭素がリン酸を介して連結される。これを繰り返すことにより、長い長いDNAの「糸」ができあがる（図1左）。ヒトの染色体の場合、このデオキシリボースの単位が、おおよそ1億個くらい連結されて1本の「糸」が形成されることになる。生体内でも例外的に巨大な糸状分子である。英語ではこのDNAの「糸」を、撚り糸を意味するstrandで表現するが、日本語の場合には、「DNA鎖」のように「鎖」と呼ぶことが一般的である。

さて、DNAの「糸」に相当する主鎖を構成する要素がデオキシリボースとリン酸であることを述べたが、DNAに大切な特徴を付与する重要な、むしろ主役とさえ言っても良い構成要素がもう一つある。それが核酸塩基である。単に塩基と呼ばれることも多い。DNAに含まれる塩基には、アデニン（A）、シトシン（C）、グアニン（G）、チミン（T）の4種類があり、DNA鎖を構成する各デオキシリボースには、そのうちのどれかが一つずつ結合している。塩基は、デオキシリボースの1番目の炭素についている水酸基を利用して、その「鎖」に連結されているが、「鎖」の伸長方向に対して突き出ているような空

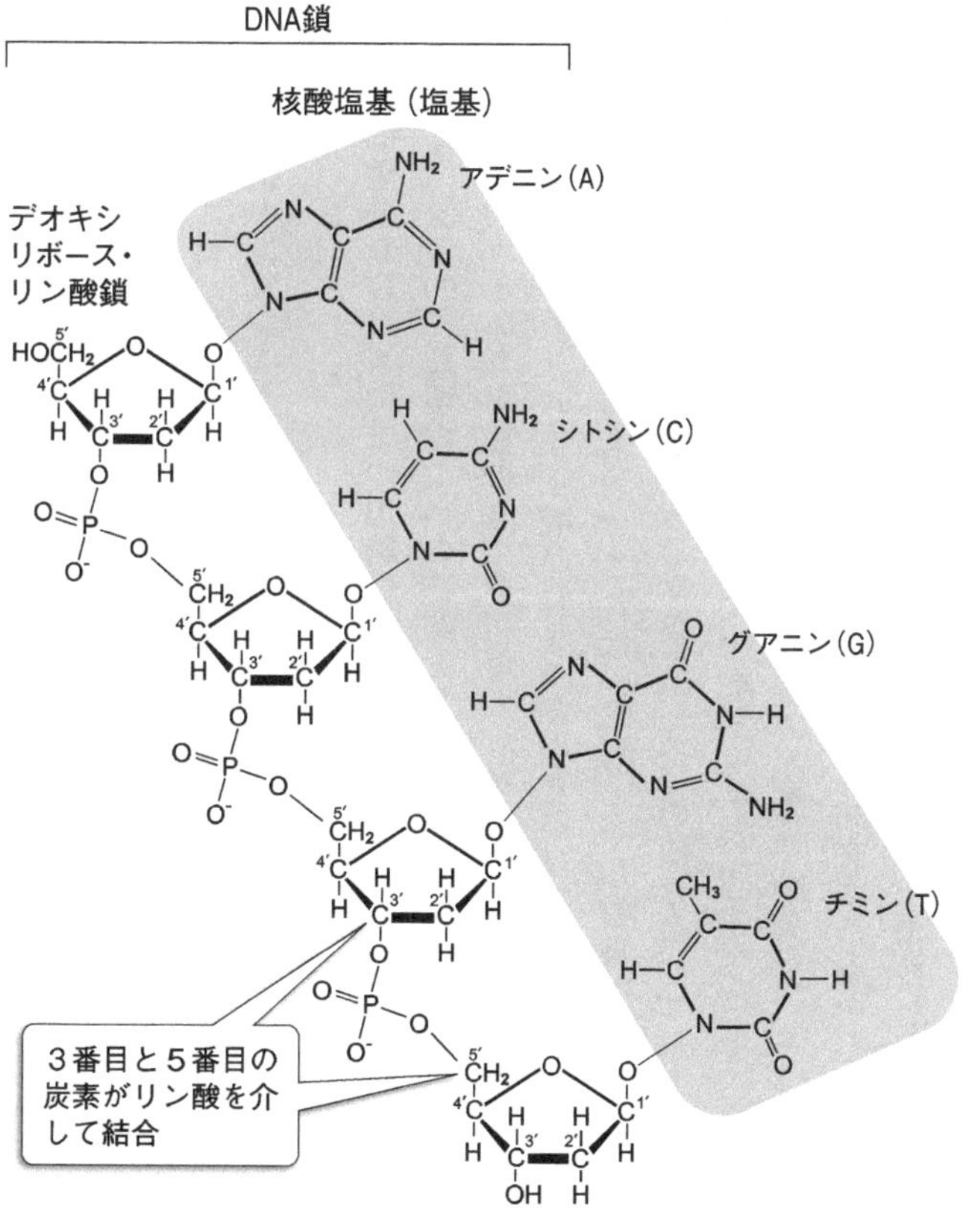

図2　ＤＮＡの基本構造Ⅱ

間配置をとっている（図2）。これがＤＮＡの基本構造である。おおざっぱに言えば、デオキシリボースからなる長い「鎖」に、4種の異なる塩基からなる「突起」がたくさん飛び出しているようなイメージである（図3参照）。また、図2にあるようにアデニンとグアニンの「突起」は、シトシンとチミンに比べて分子が大きく、このことがこれから述べていくＤＮＡ鎖の性質を大きく左右する凹凸の主な要因となっている。

決定的に重要なＤＮＡの二つの特徴

塩基は、決定的に重要な二つの特徴をＤＮＡに付与している。その特徴は、この地球において「生命」という存在の誕生を可能とした「からくり」に通じている。第一の重要な特徴とは、ＡＣＧＴという4種の異なった塩基が存在することにより、「情報」を持つことができるということである。これは「暗号」や「言葉」と言い換えても良い。たとえば、我々の言葉を考えてみよう。言葉は、文字の組み合わせでできている。たとえばひらがなであれば、「あ」から「ん」までの約50文字があるが〝「と」と「ま」と「れ」という3文字がこの順番で並べば、「止まれ」という意味になる〟というルールが日本語では定まっている。英語であれば、アルファベットが26文字あるが、そのうちの「Ｓ」と「Ｔ」と「Ｏ」と「Ｐ」という文字がこの順番に並べば「止まれ」の意味になる。このように異なった文字の組み合わせと並びを意味に結びつけることにより、人間は文字を使った情報の蓄積や伝達を行っている。DNAの塩基はこれと同様のことを可能にしている。たとえばACGTのうち、「T」と「A」と「A」がある文脈でこの順番で並べば、「止まれ」の意味になるようなルールを我々生き物は共通して持っている。

二つ目の重要な特徴は、塩基の「相補性」(後述)によりDNA分子自身のコピーを容易に作り出すことを可能としている点である。一般的に言って、複雑な形状を持つ物体とまったく同じものを作るというのは、簡単なことではない。たとえば、何かの像のレプリカを作ろうと思えば、まず石膏やシリコンなどを用いてオリジナルの像(原版「ポジ」)の凹凸を忠実に反転させた鋳型(ネガ)を作ることになる。次はその鋳型に、たとえば熱で溶かした金属などを流し込み、鋳型の凹凸をさらに反転させて、オリジナルの像の凹凸と同じものを持ったレプリカを作成するという手順になる。実は、DNAの複製(コピーの作成)でも、これと同じことが行われている。DNAを構成する四つの塩基、アデニン(A)、シトシン(C)、グアニン(G)、チミン(T)の間には、先に述べた分子の大きさとしての凹凸に加え、分子の形としての相性があり、AはTと、CはGと結合する性質を持っている。この塩基間の特異的な結合という性質が、鋳造におけるオリジナルの像と鋳型の間の凹凸の逆転によるレプリカの作成と同様な仕組みを、DNAの複製においても提

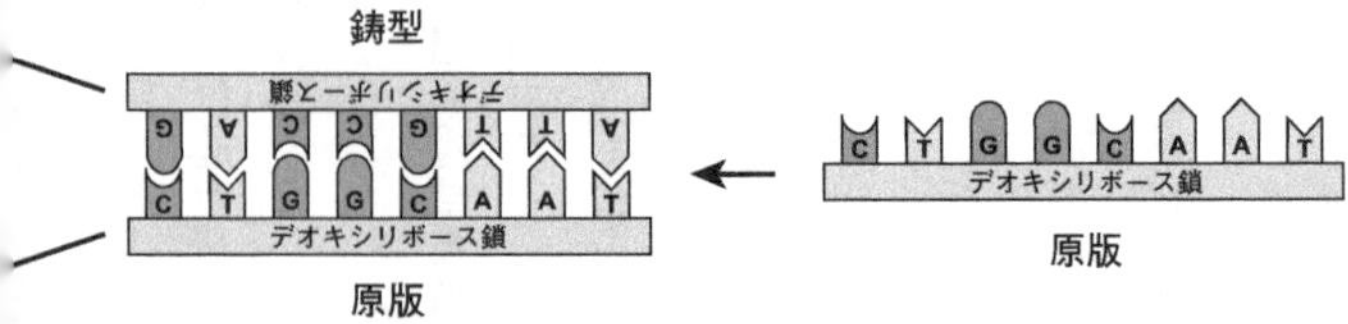

図3　DNAが自己のコピー（レプリカ）を作る機構の概念図

供している。図3は各塩基間の結合関係を模式化し、DNAの複製機構を概念化して示したものだが、ここにあるように、もしあるDNA鎖（原版）の「突起」が右側からTAACGGTCであったとすると、これとピタリと凹凸が一致するDNA鎖とは、右側からATTGCCAGという並びになる（鋳型）。今度は、逆にこのATTGCCAGというDNA鎖とピタリと一致するDNA鎖を作れば、元のTAACGGTC（レプリカ）ができあがるという仕組みである。これがDNAにおける塩基の相補性と呼ばれる性質であり、これによりDNAは自分とまったく同じコピーを次々と作り出すことができる。このような自己のコピーを作り出す性質を内包している天然の物質は、知られている限りDNAやRNAなどの核酸のみである。

この塩基の並びによって情報を保持できるという性質と塩基間の相補性によって自己のコピーを容易に作成できるという性質をDNAは併せ持っている。情報の保持と複

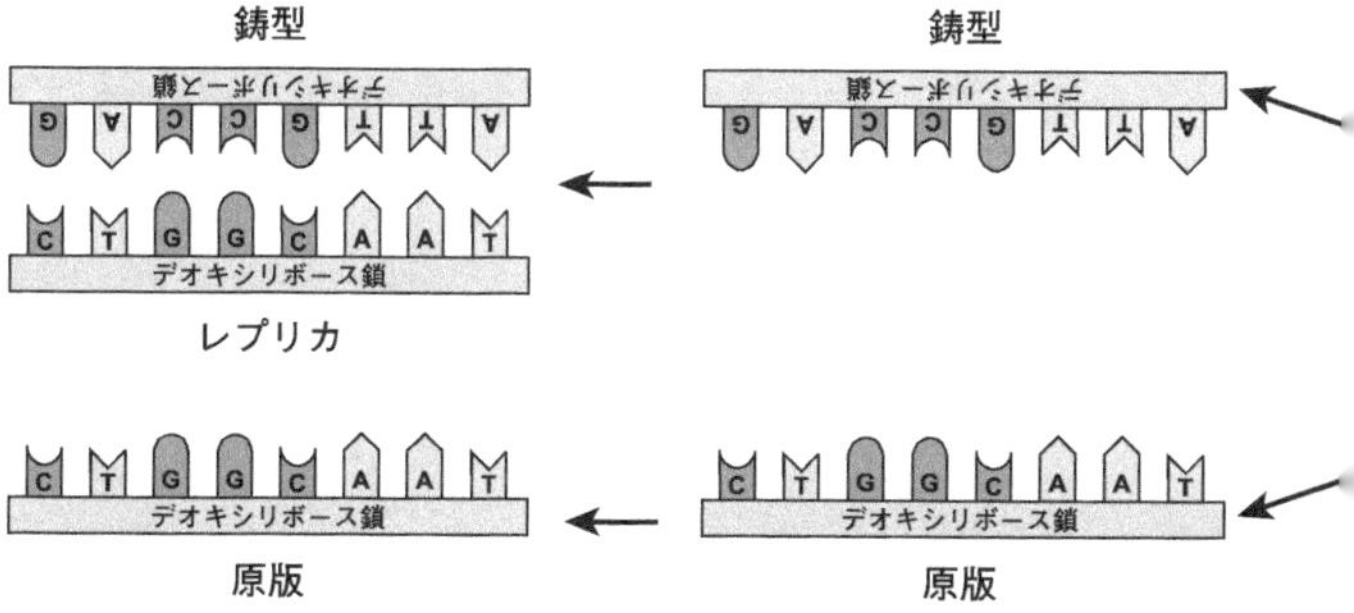

製。これが生物の歴史の中でDNAが果たしてきたとても大切な役割である。

二本鎖として存在するDNA

私たちの細胞の核の中では、ピタリと一致する相補的な2本のDNA鎖が対となって存在している。この状態を二本鎖DNAと言い、生体の中ではこの二本鎖DNAが螺旋状の立体構造をとっているのが一般的な姿である。DNAの二重螺旋という言葉は、多くの人がどこかで聞いたことがあるだろうし、DNAというものは、二本鎖として存在するものなのだと思い込んでいる人も多いだろう。

しかし、本書では、ここまで意図的に一本の鎖としてDNAを記述してきた。実際、DNAは決して二重螺旋としてしか存在し得ない物質ではない。ある種のウイルスでは、一本鎖のDNAを遺伝物質の本体として使用しているし、DNAときわめて生化学的性質の似ているRNAは生体内で一本鎖として存在するのが一般的である。では、生物の中でＤＮＡが二本鎖であるのは、どうしてなのだろう？　本書では、そこに生命に隠された象徴的な意味があるのではないかと考えている。

第１章

生命と非生命

主なる神は、土（アダマ）の塵で人（アダム）を形づくり、その鼻に命の息を吹き入れられた。人はこうして生きる者となった。（旧約聖書　創世記２章７節）

北アルプスの主要な稜線は、３０００ｍ前後の標高がある。稜線から見る景色は、森林限界を超えた岩壁による山肌とその下にある樹林帯の緑。そして谷筋には太陽の光を反射してキラキラと光る梓川が遠くに見える。稜線に立つと谷から吹き上がってきた風が一気に駆け抜けていく。山歩きに疲れた体が、その風を全身に受ける時、何かが満たされていくような、そんな不思議な感覚が湧いてくることがある。ひっそりと咲くリンドウやコマクサ。時折出てくるライチョウやイワヒバリ。この世界は、確かに「生命」に溢れている。

「生命とは何だろう？」生物学を志した人間であれば、一度もこの問いについて考えたことがない者などないだろう。過去から現在に至るまで、多くの研究者や哲学者がこの問いと向き合い、答えてきた。本書の主題も、究極的にはそこにある。しかし、ともすれば、観念的になりがちなこの問いと向き合う前に、この章ではまず摩訶不思議な現実の生き物たちの姿をいくつか紹介することから、話を始めたいと思う。

ブフネラ

この地球上の有機物の源となっているのは、植物の光合成が主要なものである。光合成は、太陽光のエネルギーを用いて、二酸化炭素と水から単糖の一種であるグルコースを生成する。植物の葉において固定されたグルコースは、ショ糖に変換された後に、師管を通じて植物の各組織へと運搬されることになるが、代表的な農業害虫であるアブラムシは、その師管に口針（こうしん）と呼ばれるストローのような器官を差し込み、そこからショ糖を含む師管液を吸汁する。栄養源としての師管液は、炭水化物であるショ糖が多く、ほかの栄養分は比較的少ないため、アブラムシは甘いおしっこ（甘露）により過剰な糖を排出し、それをアリが舐めにくる。アリは、甘露を与えてくれるアブラムシのために、その天敵であるテントウムシの幼虫を追い払うボディーガードのような役割も果たすことが知られており、共生関係にあると考えられている。

このアブラムシには、実はもう一つ共生関係にある生物が存在する。それがブフネラだ（図4）。ブフネラは、人間の腸内に棲む大腸菌と非常に近縁のグラム陰性菌[*1]であり、アブラムシの「脂肪体」という組織の中のバクテリオサイトという特殊な〝細胞の中〟に棲息している。こういった宿主（しゅくしゅ）細胞の中に、ある種、融合するような形で自らの細胞を潜り込

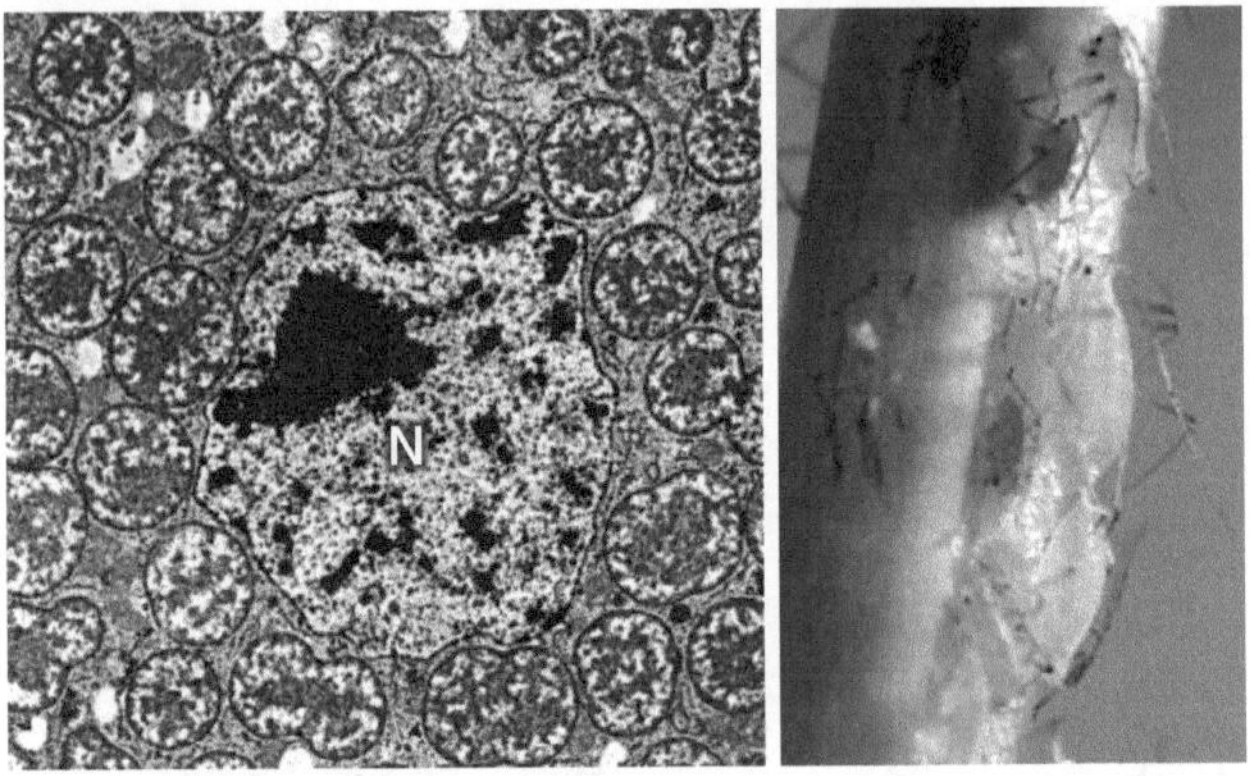

図4　アブラムシとブフネラ

B：バクテリオサイトの電子顕微鏡写真
アブラムシ細胞の核（N）が多数の
ブフネラに囲まれている

A：エンドウヒゲナガ
アブラムシ

原図は重信秀治先生（基礎生物学研究所）、J．ホワイト博士およびN．モーラン博士（アリゾナ大学）のご厚意による

ませて棲息する共生を、細胞内共生と言う。ブフネラは、ほぼ一生をこのバクテリオサイトの中だけで過ごし、唯一、宿主細胞の外に出るのはアブラムシ体内にできた発生初期の胚に侵入する際、すなわち子孫のアブラムシへと伝えられる時のみと考えられている。

ブフネラは、植物の師管液に豊富な炭水化物を宿主であるアブラムシから受け取り、宿主に欠乏気味なアミノ酸を合成して供給するという生態的役割を果たしている。アブラムシにとってブフネラは大切なパートナーであり、たとえば、抗生物質などでアブラムシからブフネラを除去するとアブラムシの発育が悪くなり、生殖能力を喪失する。また、一方、ブフネラをバクテリオサイトから取り出して通常の培地で生育させることは不可能で、アブラムシの中でしか生きていけない。これらのことから両者は強力な相互依存関係にあることが分かる。このブフネラとアブラムシの共生はおよそ2億年前から始まったと考えられており、現存するアブラムシ種のほとんどがブフネラを保有している。

このブフネラの全ゲノム配列情報が、東大と理化学研究所のグループによって解析され、2000年の『ネイチャー』誌に掲載された。[*2] その結果は、驚くべきものだった。第一に、ブフネラのゲノムは64万塩基対で、近縁である大腸菌のゲノム（464万塩基対）の約7分の1になっていた。大腸菌には約4000個の遺伝子が存在しているが、ブフネラの祖先もそれと同等の遺伝子をかつては持っていたと推定される。しかし、ブフネラではそれが600個程度にまで減少しており、2億年の共生生活の中で、常識を越えた大規模な遺伝子脱落が起こっていることが明らかとなったのだ。脱落した遺伝子の中には、細胞壁合成遺伝子、DNA修復遺伝子、細胞膜の合成に必須なリン脂質合成酵素、外界の情報を細胞内に伝えるための二成分シグナル伝達システムなど、およそ通常の細菌が一般の環境下で生きていくためには必須の遺伝子群が多く含まれていた。このような遺伝子の多くを宿主遺伝子に頼り、自らは失ったブフネラは、当然、宿主細胞の外で独立して生きていけるはずもない。

一方、このような大規模な遺伝子脱落にもかかわらずブフネラに残されていた遺伝子群もまた興味深いものだった。ブフネラゲノムには大腸菌の持つアミノ酸合成遺伝子数と比較すると、その約半分が残っていることが明らかとなったが、その遺伝子を調べると残っていたのは、宿主であるアブラムシが合成できないアミノ酸を作る遺伝子ばかりだった。おそらくブフネラの祖先は大腸菌と同じようにすべてのアミノ酸を合成できたのだろうが、共生が始まってから、宿主が合成できるアミノ酸は宿主に任せ、宿主が合成できないアミノ酸だけを合成するという〝ギブアンドテイク〟の関係が進化の過程で成立していったと推測される。

オルガネラの細胞内共生説

はたして、このようなブフネラは「生きている」のだろうか？　基本的に宿主の細胞内でのみ生活し、ゲノム遺伝子の多くを失っているブフネラの存在様式は、細胞の小器官（オルガネラ）である葉緑体[*3]やミトコンドリア[*4]を彷彿させる。葉緑体やミトコンドリアといったオルガネラが、もともとは独立した生物だったとするリン・マーギュリスの細胞内共生説（図5）は、１９６７年に彼女がJournal of Theoretical Biologyに発表した論文が核

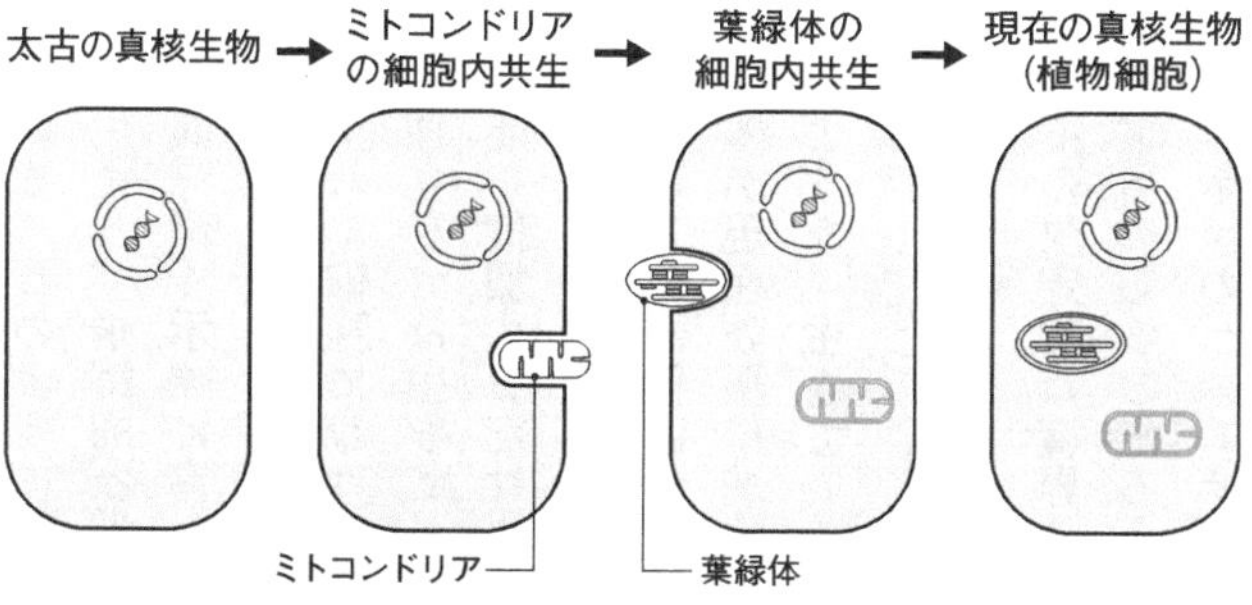

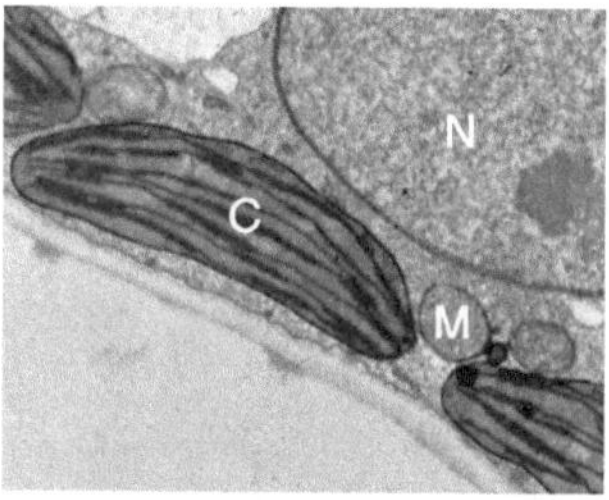

図５　細胞内共生説によるミトコンドリアや葉緑体の成立過程（上図）と植物細胞の電子顕微鏡写真（下図）
電顕写真は朴杓允博士（神戸大学）のご厚意による

となっている。彼女は、この論文が15以上の科学雑誌で掲載をリジェクトされたと後に述べているが、当時は異端とされたこの説も、細胞学的あるいは分子遺伝学的にこれをサポートする多くの証拠がその後、次々と発見され、現在では疑う人のない定説となっている。

現在の細胞内共生説では、原核生物の一種である古細菌の細胞に、酸素を利用してエネルギーを生産する能力の高いαプロテオバクテリア*5が取り込まれることでミトコンドリアとなり、また光を利用して炭水化物を作る光合成能力を持つラン藻*6が取り込まれて葉緑体となったと考えられている。このように特性の異なった二つの細胞の融合により新たな機能が付加された細胞が生まれ、飛躍的な進化が起こり、現在の動物や植物などの真核細胞になったとする説は、興味深く示唆に富んでいる。実際ミトコンドリアや葉緑体は、現在でも独自のＤＮＡを持ち、生理的な活動を行い、基本的に細胞の分裂とは独立して分裂する。この分裂は、アブラムシ細胞におけるブフネラの増殖と本質的に何か違うのだろうか？　いや逆に、すでに独立しては生きていけないブフネラは、アブラムシの細胞にアミノ酸供給という新たな機能を付加するだけの新規オルガネラと考えるべきなのだろうか？

現在の常識的な見解では、ブフネラは生物と考えられ、ミトコンドリアや葉緑体は細胞の小器官という位置づけである。もし、ブフネラのような状態を経て、ミトコンドリアや葉緑体が現在の形に進化してきたとしたなら、はたしてミトコンドリアや葉緑体はブフネラのような「生きている」状態から、いつどの時点で生きた細胞を支えるだけの、ただの「小器官」になってしまったのだろう？　あるいはミトコンドリアや葉緑体は、現在でも、まだ「生きている」のだろうか？　ブフネラとミトコンドリアや葉緑体との間に引かれた、その決定的な境界の根拠となる本質的な違いとはいったい何なのだろう？　そんなものは本当にあるのだろうか？

ブフネラのゲノムサイズは大規模な遺伝子脱落が起こっているとはいえ、64万塩基対であり、標準的な高等植物の葉緑体ゲノムサイズである15万塩基対やヒトのミトコンドリアゲノムの1・6万塩基対と比べると、かなり大きいように感じる（図9参照）。遺伝子数も、ブフネラは600個程度あるが、葉緑体では100個前後、ヒトのミトコンドリアでは37個だ。これが違いの根拠だろうか？

しかし、その後に発表された「カルソネラ」に代表される各種昆虫の共生細菌ゲノム解析の結果は、そのような安易な線引きが限りなく難しいことを暗示していた。たとえば、カルソネラは、キジラミのバクテリオサイト内に棲む共生細菌であるが、そのゲノムは、驚くべきことにわずか16万塩基対、遺伝子数も182個と発表された。ゲノムサイズは、ほぼ葉緑体のそれと同じである。また、現在知られている細菌ゲノムの中で最も小さいものは、セミの共生細菌である*Hodgkinia cicadicola*であり、この場合はゲノムが14万塩基対、遺伝子が169個と報告されている。一方、逆にミトコンドリアのゲノムサイズは実は生物種によって大きく異なっており、ヒトや高等動物では1・6万塩基対前後だが、陸上植物では種によって20万塩基対から200万塩基対ほどの大きさがあることが推定されている。ゲノムサイズで言えば、オルガネラと細胞内共生細菌との間に線はとても引けない。それらはあたかも連続して変化していく「同じ事象」の異なった局面に過ぎないようにも見える。はたして「その境界」は、いったい、どこにあるのだろうか？

マメ科植物根粒菌

子供の頃、よく学校帰りに田んぼでレンゲ（ゲンゲ）摘みをした。春になると田んぼが、淡い赤紫の曼荼羅絨毯のようになり、その中から白レンゲを探すのが楽しみだった。私が子供の頃はどこにでも咲いていたレンゲだが、昨今はすっかりその姿を見ることが少なくなったような気がする。レンゲが田んぼに咲いていたのは、農家の戯れではなく、見る人の目を楽しませるためでもなく、レンゲの根に「根粒菌」と呼ばれる共生細菌が存在し、その作用で土壌を肥沃にする効果があるからだ（図6）。

植物の三大栄養素である窒素、リン酸、カリウムのうち、窒素は大気中の約80％を占める元素である。したがって、地球上に比較的多量に存在しているものの、残念ながら多くの生物は大気中の窒素を直接利用できない。根粒菌は、この大気中の窒素をアンモニアに変換する「窒素固定」と呼ばれる化学反応を行うことができる数少ない微生物のうちの一つである。根粒菌はレンゲなどのマメ科植物の根にコブ（根粒）を作って棲息し、宿主が光合成で作った炭水化物を利用しながら窒素固定を行い、固定した窒素をアンモニアとして宿主に提供している。この現象を利用して、レンゲについた根粒菌の作用により空気中の窒素を固定し、それを緑肥として鋤き込むことで田んぼを肥沃にできる。これが田んぼにレンゲが植えられていた理由である。

このマメ科植物と根粒菌の関係は、厳密に制御された複雑な生物現象であり、特定の根粒菌パートナーを数多い微生物の中から選択する機構が詳しく解明されている。根粒菌が産生するノッドファクターと呼ばれる短いオリゴ糖[*7]（リポキトオリゴ糖）が植物に受け入れてもらうための「手形」のような働きをしており、植物は自分に合った「手形」を持った根粒菌だけを受け入れる。「手形」が有効だった場合には、根毛内にトンネルのような「感染糸」と呼ばれる管状構造が形成され、それを通って根粒菌は根の内部組織である皮

図6
レンゲ（ゲンゲ）草の花（上図）とその根に形成された根粒（下図）

層組織まで招き入れられる。そこで活発な宿主細胞の細胞分裂が誘導されて、根粒菌の住み処となるコブ、すなわち根粒が形成される。

「根粒の中で菌と植物が共生している」と言うと「カクレクマノミがイソギンチャクの中で隠れて暮らしている」といった、ほのぼのとしたイメージが湧いてくるが、同じ「共生」と考えられている現象でも、実態はかなり異なっている。感染糸を通って皮層細胞へと到達した根粒菌はエンドサイトーシス[*8]により、細胞膜に包まれた形で皮層細胞内に取り込まれることになる。再び、「細胞内共生」である。細胞内に取り込まれた根粒菌はしばらく活発に分裂するが、その後、細胞分裂を停止してバクテロイド（図7）と呼ばれる状態へと変化していく。バクテロイドはさまざまな意味で、通常のバクテリアとは異なっている。マメ科のモデル植物であるタルウマゴヤシの根粒菌を例にして紹介すると、まず形態的には細胞が肥大・伸長し、同時に多核となる。その後は自らのDNA複製も行わなくなり、発現される遺伝子の種類も大きく変わっていく。意外なことだが、根粒菌は土壌中で単独で生活している際には実は窒素固定を行わないと考えられており、植物と共生して初めて窒素固定を行うようになる。窒素固定反応を担う本体はニトロゲナーゼという酵素であるが、この遺伝子の発現は単独生活の場合は、ほぼ認められない。しかし、バクテロイド中では、その発現が通常の1000倍以上にも上昇し、バクテロイド全タンパク質の

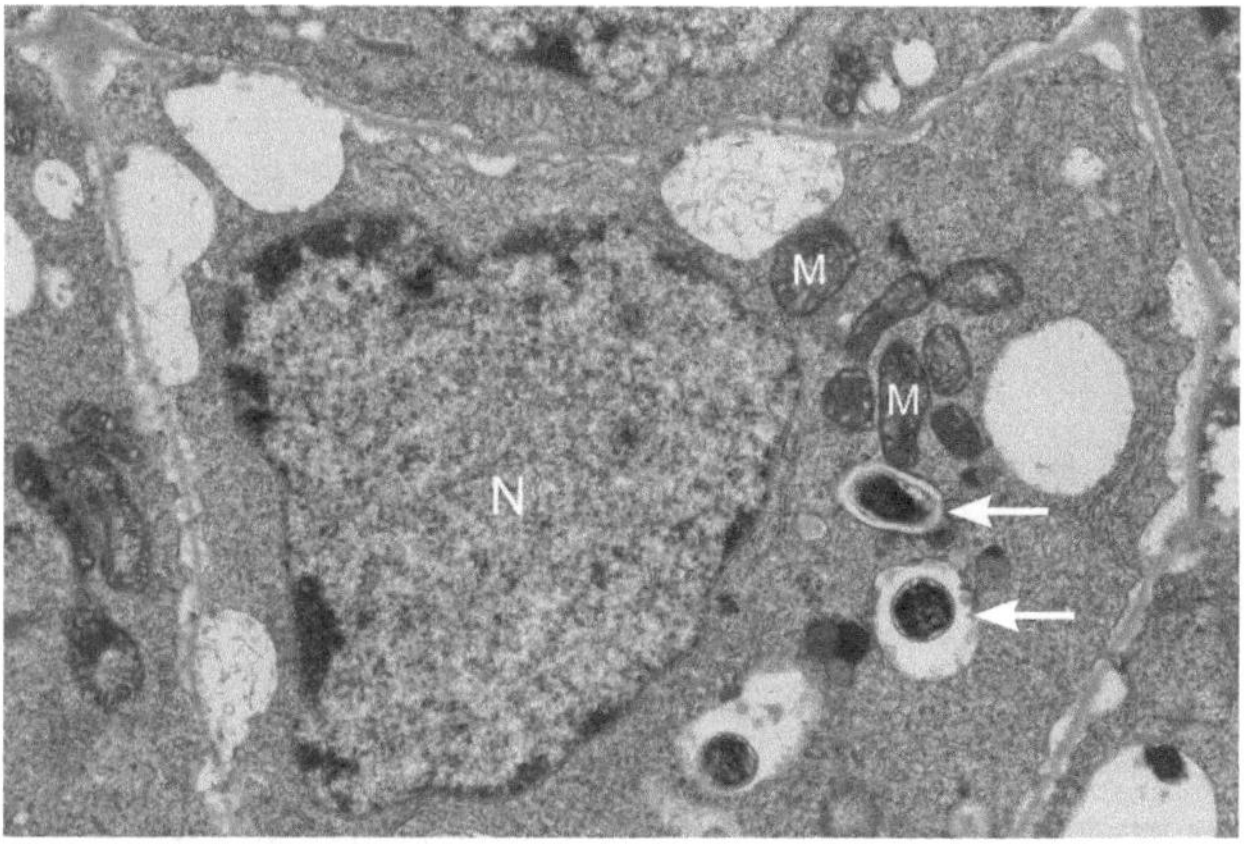

図7　皮層細胞内の根粒菌バクテロイド（矢印）。
N：核　M：ミトコンドリア

10～20％を占めるようになる。

さて、このバクテロイドとは、いったい何なのだろう？　自分自身の細胞分裂も止め、発現している大半の遺伝子が「自分には必要のない」窒素固定に関するものだ。あたかも植物の細胞に窒素固定のための工場、あるいはオルガネラができたかのようである。特に、タルウマゴヤシ型のバクテロイドはなんとも不思議としか形容できない状態になっている。というのも根粒からバクテロイドを再分離し培地で培養しても、独立して生きることのできる根粒菌はほとんど復活しないことが示されているのだ。すなわち植物の細胞の中では、生態的にも生理的にも機能を持ち、問題なく「生きている」ように見えるバクテロイドも、宿主植物との短い共生の間にすでに単独では生きられない形へと変化してしまっている（正確には、このバクテロイドへの変化は宿主植物が誘導していることが近年明らかとなった）。この状態になると植物細胞が生きている限りは、バクテロイドも生体として機能を保てるが、植物が枯れると同時にバクテロイドも死んでしまうことになる。根粒菌のバクテリアとしてのアイデンティティーはすでに失われてしまっていると言って良いだろう。こういったバクテロイドの姿は、バクテリオサイトにおけるブフネラやミトコンドリアなどのオルガネラの存在様式を彷彿させる。また、あの問いが頭を横切る。はたしてバクテロイドは、「生きている」のだろうか？

さらにこの問題を複雑にするのは、さまざまな根粒菌系統の存在である。根粒菌は特定の植物をパートナーとすることを先に述べたが、たとえばマメ科植物のもう一つのモデル植物であるミヤコグサの根粒菌はまた系統が異なっている。この場合には、バクテロイドとなっても、遺伝子発現こそ変化するものの、形態的には正常で根粒から再分離するとほとんどの場合、独立生活する根粒菌が復活する。こちらの場合は、文句なしに「生きている」と言って良い状態だ。つまり生態的にはまったく同じように見える現象だが、根粒菌の系統の違いで「進化」や「共生」の度合いが異なっており、もし、すでに単独で生きられないタルウマゴヤシ型のバクテロイドを「死んでいる」とするのなら、その「進化」の進み具合により「生」と「死」があたかも連続して変化している現象のように見える。ここでも「その境界」はとても不明瞭である。

ミミウイルス

これまでブフネラやカルソネラを例にして、「生物をどこまで単純化しても生物なのか」ということを紹介してきたが、次は「非生物をどこまで複雑化しても非生物なのか」という問題を考えてみたい。材料はミミウイルスである。話はビートルズの出身地であるイギリスのリバプールから、北東に100kmほど離れた地方都市、ブラッドフォードから始まる。

1992年にイギリスの微生物学者、チモシー・ロボサムによって新しい「グラム陽性菌」[*9]が、アメーバの細胞の中から発見された。このアメーバを含む水は、ブラッドフォードにある病院の冷却塔の冷却水から採取されたため、その「グラム陽性菌」は、ブラッドフォードコッカスと命名された。しかし、この新規「バクテリア」の同定は困難を極めた。というのも、これまで知られているバクテリアに保存されたDNA配列を検出しようとしても、何も見つからなかったからだ。分類もままならぬまま1998年にロボサムは研究室を閉鎖することになり、そのサンプルはフランスの研究者ディディエ・ラウールらのラボに預けられることになった。

　ラウールラボのバーナード・ラ・スコラは、顕微鏡観察を続けるにつれ、この新規「バクテリア」の表面にサッカーボールのような、何かを貼り合わせたようなつぎはぎ模様があることに気づいた。さらに、その表面には繊維状の細かい突起が観察されたのだ。それらはバクテリアの細胞表面の特徴ではなく、ウイルス粒子表面のそれであったが、その粒子の大きさは一般的なウイルスと比較すると容積にして100倍ほどは大きいと推定された。元来、ウイルスはバクテリアを通さない目の細かいフィルターを通過する「濾過性病原体」として発見された経緯があるが、この粒子はそのフィルターの穴を通過できなかった。この得体の知れないものは何なのか？

　それがミミウイルス（図8）だった。

　この新たにウイルスとして命名し直された名前ミミウイルスは、〝mimicking microbe（微生物もどき）〟からきている。当初80万塩基

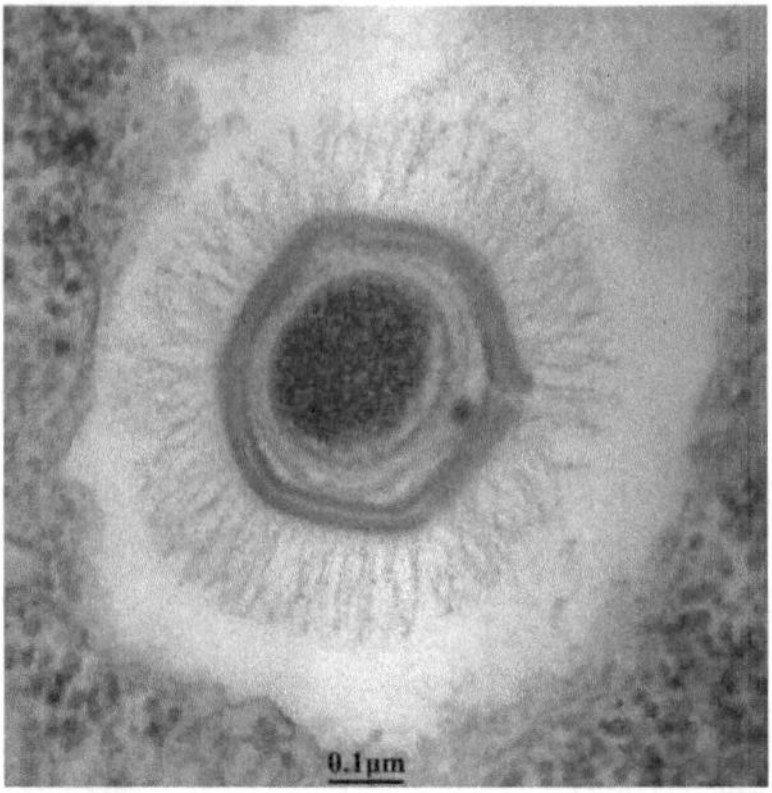

図8　宿主であるアメーバ細胞内のミミウイルス電子顕微鏡像（J. クラヴェリー博士のご厚意による）

対と推定されていたゲノムサイズは、最終的に１２０万塩基対に達することが明らかになり、遺伝子数は９１１個と発表された（２０１２年現在９３９個に訂正されている）。ごく一般的なウイルスであれば、ゲノムサイズが１万〜２万塩基対、遺伝子数は10個前後である。それまで例外的に大型のウイルスとして知られていた天然痘ウイルスでも、ゲノムサイズが約20万塩基対、遺伝子数が２５０個程度であるから、ミミウイルスはそれまでの常識を大きく覆すものであった。ミミウイルスのゲノムサイズは、カルソネラの16万塩基対、ブフネラの64万塩基対を凌駕することは当然として、自然状態で独立生活している細菌の中で最小ゲノムを持つ*Pelagibacter ubique*の１３０万塩基対と比肩する大きさであった（図9）。

　ここでいったん、ウイルスとは何か、一般の生物との違いについて、少し話を整理しておきたい。ウイルスはほかの生物と同様に核酸性の遺伝物質（ＤＮＡもしくはＲＮＡ）を保有するが、能動輸送[*10]などを伴った機能的な細胞膜構造を持たない。これが一般の生物と異なる最大の特徴である。その結果、細胞構造を形成することができず、代わりに遺伝物質を包み込む構造として、タンパク質の集合体からできた「ウイルス粒子」を形成する。しかし、そのウイルス粒子内では、タンパク質を合成することやエネルギーを作るための代謝などを行わず、それらをすべて宿主細胞に依存して、自己の遺伝物質を複製している

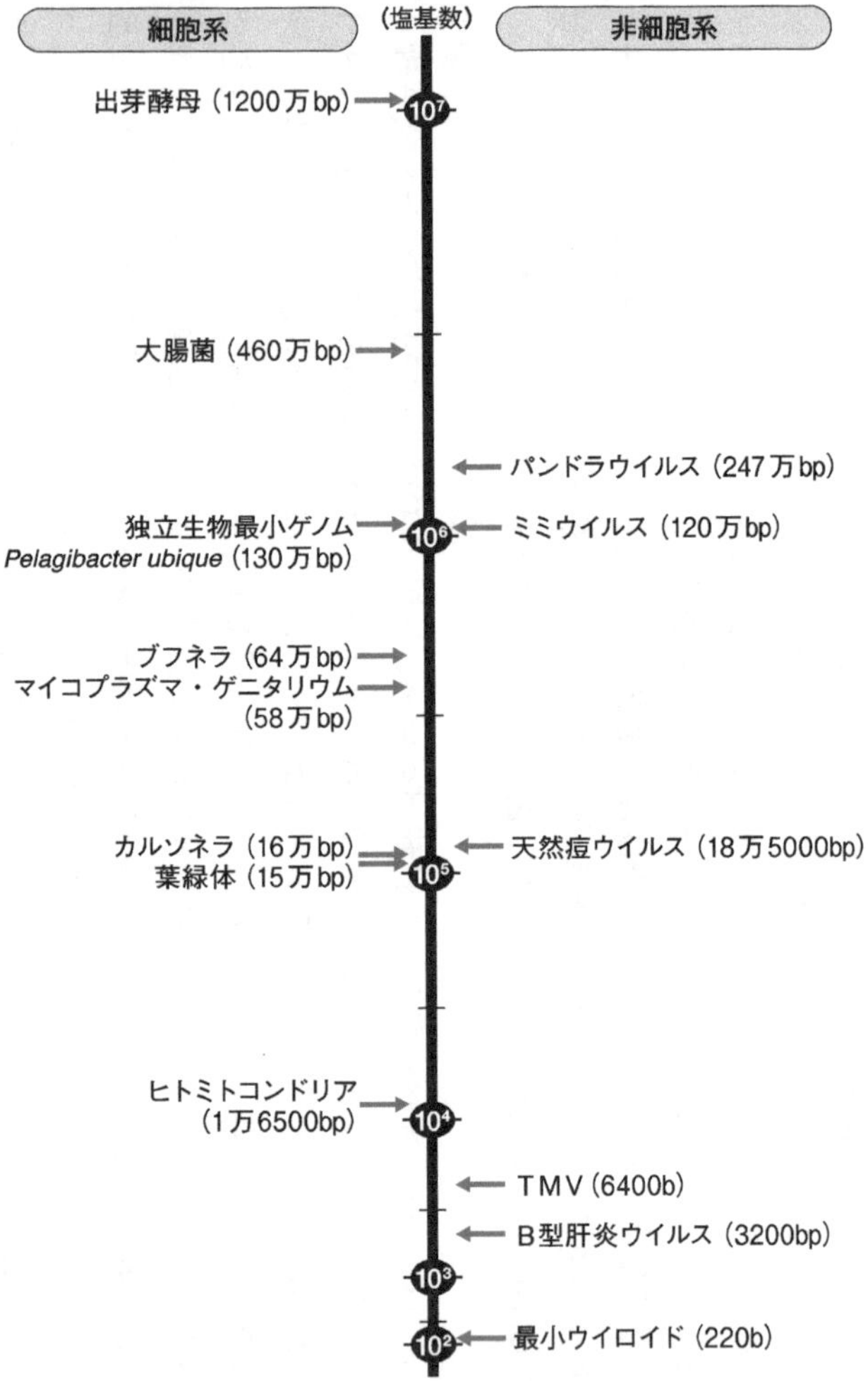

図9　各種生物・ウイルス・オルガネラのゲノムサイズ比較

と、これまで考えられてきた。

ウイルスが保有しない細胞膜構造の生物学的意味をおおざっぱに単純化して言えば、水の中に仕切られたスペースを作り出すことと言える。水の中はそこに溶けている物質が拡散により自由に広がっていくため、何かが局部的に高濃度で存在しても、あっという間に全体に広がり、希釈されてしまう。しかし、細胞膜は水と混じらない疎水性の分子でできているため、水溶性の物質であっても自由な往来を制限する「仕切り」として機能する。この膜構造により、一般の生物は自分の細胞の中と外で、さまざまな物質の「濃度の違い」を作っている。言葉を換えれば、自分に必要なものを膜の中に囲い込んで溜め(相対的に高濃度)、要らないものを排出する(相対的に低濃度)ことを可能としている。そのことが、たとえば生体としての化学反応に必要な材料となる物質の濃度を高めるようなことに寄与し、代謝を含む活発な生命活動を支える環境的な基盤となっている。したがって細胞膜を持つことは、「生きている」ことの基盤としてきわめて大切な要素である。前述したように、ウイルスはそういった生命活動に必要な環境を自ら用意するのではなく、宿主となる細胞性の生物からすべて拝借している。宿主細胞から出れば、いったん「死んだふり」のような状態になり、新たな宿主細胞にたどり着けば、そこでその環境を利用して増殖した後、またそこから出ていく。これを繰り返すことになる。このウイルスの自己複製の戦略から、細胞構造を持たない、代謝を自己の粒子内で行わないという一般の生物とは違う「非生物的特徴」が出てくる。

このようなウイルスが、生物なのか、非生物なのかという議論は古くからあり、私が学生の頃は「生物と非生物の中間」というような説明がされていたように思う。しかし、1998年（原著は1995年）に出版されたリン・マーギュリスとドリオン・セーガンの共著『生命とはなにか』あたりから、生物とは細胞を持つものという考え方が支配的になり、ウイルスは非生物という考え方が広まってきたような印象を持っている。もちろんすべての科学者が現時点でそう考えているわけではないのだが、本項ではウイルスを一応「非生物」と仮定して話を始めたい。

では、ミミウイルスとはどんなウイルスであったのだろうか？　先にゲノムサイズが、ブフネラなどの細胞内共生細菌よりも大きかったことを述べたが、ラウールらが2004年に『サイエンス』誌に発表した論文では、それまでのウイルスの常識を覆すいくつもの事実が明らかにされた。ミミウイルスの巨大なゲノムには、ほかのウイルスにはほとんど見られない特徴的な遺伝子として、いくつかの機能カテゴリーに属すものが挙げられたが、中でも最大の驚きは、ウイルスであるミミウイルスが、タンパク質合成に関与する遺伝子を保有していたことであった。タンパク質合成は、従来、細胞性生物の特徴と考えられており、ウイルスはそれを宿主に完全に依存して増殖するとされていた。しかし、ミミウイルスは、翻訳開始因子[*11]、翻訳伸長因子[*12]、ペプチド遊離因子[*13]、tRNAにアミノ酸を付加するアミノアシルトランスフェラーゼ[*14]や6種類のtRNA[*15]など、いずれもタンパク質合成の中心となる遺伝子群を保有しており、それらはリボソーム[*16]を除けば、ほぼすべてのタンパク質合成に関わる反応をカバーしていた。もちろん各過程における関与遺伝子の数は、一般の生物と比べると少なく、リボソームを除くフルセットとは言えないものの、少なくともその一部を自己の遺伝子で担っている可能性が示された。また、DNA修復遺伝子も、特にミスマッチ修復[*17]や紫外線などにより引き起こされる損傷に対する修復酵素などを複数備えており、これまでのウイルスでは考えられないほど充実した内容となっていた。また、ウイルスは代謝をしないと言われていたが、ミミウイルスは、特に糖代謝を中心にして、脂肪酸、アミノ酸などの代謝に必要な酵素を複数保有していた。実際、ミミウイルスは、当初「グラム陽性菌」として単離されたが、これはウイルス粒子表面に多糖が存在していることを示唆している。

遺伝子を保有していることと、それが機能していることは必ずしもイコールではなく、また機能していたとしても、それがウイルス粒子の中なのか、やはり宿主の細胞の中でのみ働くのかなどによって、その意義は変わってくるだろう。しかし、ミミウイルスゲノムの特徴は、これまで思っていた以上にウイルスが複雑なゲノムを持ち得る存在であり、さまざまな生化学反応を行っている可能性を示している。少なくとも、ウイルスが代謝を行わないという定義は、部分的にはすでに不適切であることが明白である。

ウイルスの起源には、これまで主に三つの説が提唱されてきた。一つは、細胞性の生物ができる前に存在した元祖「自己複製子」が現在も生き残っているとする説。二つ目は、細胞性生物内のｍＲＮＡ[*18]やｔＲＮＡといった核酸分子が進化し細胞外に独立して出ていったとする説。そして最後は、細胞性生物のゲノム退縮が極端に進み、現在のウイルスになったとする説である。これまで1番目と2番目の説には一定の支持者がいたが、3番目の仮説は証拠が乏しく、表舞台にはあまり登場しなかった。しかし、ミミウイルスの登場やブフネラ、カルソネラなどにおける極端なゲノム退縮の発見は、バクテリアとウイルスの間にあった大きなギャップを埋める失われた環（ミッシングリンク）となる可能性がある。実際、ミミウイルス等の巨大ウイルスを次々と同定したジャン＝ミシェル・クラヴェリーらは、これらの巨大ウイルスたちが細胞性生物から、ゲノム退縮によって生じたと主張している。また、２０１３年にはついに、独立して生活する細菌よりも、ゲノムサイズ、遺伝子数とも遥かに大きいパンドラウイルス（ゲノムサイズ２４７万塩基対、遺伝子２５５６個）も発見されるに至った。

このようにミミウイルスやそれに続く巨大ウイルスの発見は、これまで「非生物」であったウイルスと細胞性生物の境界をきわめて曖昧なものにした。ゲノムサイズやその複雑性からだけ考えると、「非生物」であるミミウイルスと「生物」であるブフネラやカルソネラは完全にオーバーラップしており、ミミウイルスなどを「カプシド（ウイルス粒子を形成するタンパク質のこと）に包まれた生物」と表現する研究者もいる。はたして、細胞膜を持つことをもって生命の定義とするのは、本当に妥当なのだろうか？

連続する「生命」と「非生命」

大学の講義で、ブフネラやミミウイルスを紹介した後に、学生に「生物」と「非生物」の違いは何だと思うかと質問すると、必ず数名の学生からは「生物は、独立して生きるものだと思います。だから、ブフネラもミミウイルスも非生物だと思います」といった答えが返ってくる。感覚的には、もっともな意見である。さて、この「独立」ということは「生命」を考える上で大切な問題を含んでいるので、少し掘り下げて考えてみたい。

「独立」して生きる最小ゲノムを持つバクテリアと言えば、これまで数々の革新的なアイディアの提唱や科学上の騒動を引き起こしてきたことで有名なクレイグ・ベンターが作製している*Mycoplasma laboratorium*がある。これはプロジェクト発足当時、最小ゲノムを持つ生物として知られていたヒトの病原菌である「マイコプラズマ・ゲニタリウム（*Mycoplasma genitalium*）」のゲノム58万塩基対、遺伝子482個を、さらにどこまで短く削り込めるかという壮大な実験であり、その結果382個の遺伝子が人工培地で生育させるのに必須であることが判明した。この培地上で独立して生きていける理論上の最小ゲノムを化学合成して人工染色体を作り、本来のバクテリアのゲノムと入れ替えるという計画でできあがるのが、*M. laboratorium*である。これが現在のところ、「独立」して増殖する生物ゲノムとして想定されている最小のものである。

一方、自然界で寄生体でなく独立して生きるバクテリアとしては、*Pelagibacter ubique*のゲノム130万塩基対、1354個の遺伝子が、現在知られる最小のものであり、「人工」と「天然」にはかなりの差があることが分かる（図9）。

変な話ではあるが、この「独立」して生きる最小ゲノム生物*M. laboratorium*のベースとなった*M. genitalium*は、自然界では感染細胞でしか検出されない。このため元来、生きている宿主の上でしか生存できない偏性細胞内寄生菌（絶対寄生菌）ではないかと考えられていたが、特殊な人工培地上では培養可能であることが、その後に判明してきたような経緯がある。親である*M. genitalium*でさえ、宿主から「独立」して生きていると言えるのは、現実的には実験環境下のみと言って良い状態である。そこから極限まで遺伝子を切

り詰められた *M. laboratorium* は、たとえできあがったとしても、自然条件下では宿主がいなければ言うに及ばず、たとえ宿主上でも免疫反応に打ち勝って継続して子孫を残し生きていくことは、おそらく難しくなっているだろう。こういった言い方が受け入れられるかどうかは分からないが、*M. laboratorium* は実際にはそれを培養する研究者に「絶対寄生」して生きており、決してそれ自体が自然界において生態的な地位を獲得し、本当に独立して生きているわけではない。

また、「独立して生きていけない」範疇に入るものには、思いの外に高等な生物も知られている。たとえば、植物に寄生する植物として知られるネナシカズラ、ラフレシアやオロバンキなどは「全寄生性植物」と言い、植物であるにもかかわらずクロロフィルをまったく欠いているか、芽生えの際を除けば光合成能力がなく、寄生する宿主植物がいなければ、生きていけない。動物に寄生する吸血性昆虫のノミなども、宿主から離れると数日で死んでしまうことが知られている。また、植物に寄生する真菌の一種である「うどんこ病菌」なども純寄生菌（絶対寄生菌）と呼ばれており、生きている植物に寄生しなければ生存できない。これらの例に挙げた生物は、真核多細胞生物であり、これらを「生きていない」と言う科学者は皆無だと思うが、すべて宿主がなければ増殖して子孫を残すことができない。決して自然界で「独立」して生きているわけではない。

「うどんこ病菌」は2010年の『サイエンス』誌に全ゲノム配列が報告されたが、近縁の真菌種と比べると遺伝子数がおよそ半分になっており、ほかの真菌で保存性の高い遺伝子が約100個欠損していることが明らかとなった。それらの遺伝子の多くは、一般の寄生性真菌では宿主から離れて単独で生育している際によく発現していることが明らかとなっており、うどんこ病菌ではそういった単独で生きる際に必要な遺伝子の欠落により「絶対寄生菌」になったと考えられる。生活環のほとんどが宿主の上で完結するような寄生体の場合、多くの代謝物が宿主から得られるため、現実的には自己の代謝系の一部は「必要ない」というような環境が提供されていることは容易に想像できる。そのような環境が長く続いた場合、それに適応進化する形でそれら代謝系の遺伝子が欠落していったのだろう。このような環境に応じた退行的な進化は、言うまでもなく生きている「生物」の一つの特徴であり、これをもって「非生物」になったと考えることは、当然、妥当ではない。

つまりほかの生きている生物に依存しているか、独立しているかは、「生きている」こととと直接的には関係がない。ほかの生物が生きていることで「ある環境」が生まれ、その環境に適応するように別の生物が変化していっただけなのだ。その関係が密になれば、相手がいなければ自分も存在できない状態にまで行き着いてしまう。そして、この変化にはある意味、際限がなく、区切りもないように思える。宿主に絶対寄生しているが、個体として独立し、主に宿主細胞外で生活するネナシカズラやうどんこ病菌。主に細胞内に寄生（共生）し、新しい宿主個体に移動する時にしか細胞外に出てこないブフネラやマイコプラズマ。すでに宿主細胞外に出ることはないミトコンドリアや葉緑体。細胞膜構造さえ持たず自己増殖の環境をまるまる宿主細胞に依存するウイルス。宿主への依存度が増えるにつれ、自己のゲノムは縮小していき、徐々に「生物」から「非生物」へと変化しているように見えるが、そこになんらかの明確な区切りを引くことはきわめて困難であることをこれまでに紹介してきた例は示している。

「環境」と生物というのは、密接に関連しており、ある特定の生物が「生きている」ことは、それを支える環境と切り離して考えることが不可能である。生きることを可能とする環境というのはそれぞれの生物種で異なっているが、必ず環境に依存していることは不変である。単純な話であるが、熱帯魚を北極海に放せばそれだけで死んでしまう。それはキュウリのうどんこ病菌をイネの上に移すことや、あるいは、ブフネラをアブラムシの細胞からコオロギの細胞へと移すことと何も本質的には変わらない。その生物が生きることを可能とする環境が、物理的なものか、生物的なものか、あるいは多様であるか、限定されているかで、「生きる」ことの本質が変わるわけではないのだ。

たとえ「独立」して生きている生物の頂点に立つ「ヒト」であっても、我々の食べ物は、もともと命あるほかの生き物に依っている。生きている宿主に寄生して栄養物を摂取することと、死んだ生き物を食物とすることに、いったい、なんの本質的違いがあろうか。もし、人がほかの生き物と完全に独立したら、たとえば戻れない宇宙船で宇宙空間に放り出されれば……そう、ほかの生物とのつながりを断たれたその時点で、「お前はすでに死んでいる」のだ。「生きている」ことは、ほかの生物の有り様を含む「環境」から決して「独立」してはあり得ない性質のものである。

これまで記述してきたさまざまな生物の「生き様」は、所詮、ある「一つの現象」が多様な環境に適応して姿を変えているだけに過ぎないと感じるのは、私だけであろうか。その現象は、それを継続するために何かが必要な環境になればそれを生み出し、必要がない環境になれば、さっさと捨て去る。その環境の違いに応じた姿には大きな違いがあるが、その違いはどこかで決定的な線が引けるようなものではなく、本質的に連続した現象である。彼らはすべて同じ調べを奏でて、同じ歌を歌っている。だからこそ、それが「一つの現象」なのだろう。その現象の本質とはいったい、何なのだろうか？

注釈

＊1　**グラム陰性菌**　原核生物である真性細菌の一グループであり、グラム染色法という手法で染めた場合に染色度が弱いという特徴を持つことから、こう命名されている。細胞壁を構成するペプチドグリカン層が薄く、細胞壁の外側に外膜を持つことを特徴とする。

＊2　**ゲノム**　元来、木原均によって「生物をその生物たらしめるのに必須な最小限の染色体セット」と定義されたが、近年ではある生物が核染色体に持つすべてのＤＮＡ配列情報を指すことが多い。

＊3　**葉緑体**　植物の細胞内にある光合成を担う小器官（オルガネラ）。太陽エネルギーと二酸化炭素と水から、グルコースなどの炭水化物を生成する生化学反応を行う器官である。

＊4　**ミトコンドリア**　真核生物の細胞内にあるオルガネラの一つ。酸素呼吸の場であり、細胞質の解糖系と協調して、酸素とグルコースからエネルギーであるＡＴＰを産生する。

＊5　**αプロテオバクテリア**　グラム陰性菌の一グループ。ミトコンドリアの祖先となったと考えられている好気的な細菌群（病原菌であるリケッチアに近縁の菌と考えられている）を含んでいる。

＊6　**ラン藻**　その名のとおり、やや青みがかった緑色を示す真性細菌の一種であり、光合成能力を持ちグルコースと酸素を生み出す特徴がある。藻と命名されているが、真核生物の藻類とは分類学的に別のグループであり、細菌であることを強調するためにシアノバクテリアと呼ばれることも多い。

＊7　**オリゴ糖**　グルコースやガラクトースなどの単糖がグリコシド結合によって数個から10個程度結合した

化合物の総称。それより多く結合した化合物は多糖類と呼ばれる。オリゴは、ラテン語で「少ない」を意味する言葉。

＊8 **エンドサイトーシス**　細胞が細胞外の物質を取り込む様式の一種。細胞膜の一部が陥没し、対象物を取り込み、そのくびれ部が融合してちぎれる様式。このことによって、細胞膜に包まれた小胞内に対象物を包み込んで細胞内に取り込むことになる。

＊9 **グラム陽性菌**　原核生物である真性細菌の一種であり、グラム染色法で強く染まることから、こう命名されている。細胞壁の外側に外膜を持たず、厚いペプチドグリカン層を持つことを特徴とする。

＊10 **能動輸送**　一般に物質は水中で、濃度の濃いほうから薄いほうへと拡散して動く性質を持つが、能動輸送は細胞が特定の物質をこの濃度勾配に逆らって輸送する作用を指す。この作用では、なんらかの形で物質を輸送する必要があり、ＡＴＰなどのエネルギーを消費することを特徴とする。

＊11 **翻訳開始因子**　リボソームによるタンパク質の翻訳を開始するのに必要なタンパク質の総称。いくつかのサブユニットからなり、ｍＲＮＡと翻訳開始コドンにコードされるメチオニンのｔＲＮＡに結合する。

＊12 **翻訳伸長因子**　タンパク質の合成は、アミノ酸を次々と連結していくことで伸長していくが、この結合反応を触媒する、あるいはその効率を増大させるタンパク質の総称。いくつかのサブユニットからなる。

＊13 **ペプチド遊離因子**　翻訳が終了したポリペプチドを、リボソームやｔＲＮＡから切り離し、遊離させるために必要なタンパク質の総称。

＊14 **ｔＲＮＡ**　転移ＲＮＡや運搬ＲＮＡとも訳される。70〜90塩基の小さなＲＮＡ分子であり、20種類のア

ミノ酸に応じた各アンチコドン配列を持った分子が存在する。RNA分子の3′末端で適切なアミノ酸と結合し（アミノアシル化）、リボソームへアミノ酸を輸送する役割を果たす。

＊15 **アミノアシルトランスフェラーゼ**　tRNAの3′末端にアミノ酸を結合させる反応を担う酵素。

＊16 **リボソーム**　タンパク質を合成する翻訳反応を行う細胞内小器官。50種類以上のタンパク質と、少なくとも3種類のRNA分子（リボソーマルRNA）を構成成分としており、二つのサブユニットからなる巨大な複合体である。

＊17 **ミスマッチ修復**　DNA修復の一種であり、特に核酸塩基の誤対合や欠失・挿入などを校正する機構。

＊18 **mRNA**　伝令RNAと訳される。核に存在するDNA上の遺伝子配列情報は、細胞質のリボソームでタンパク質を合成するために使われる。このため、核にある情報をなんらかの形で細胞質へと運ぶ必要があり、mRNAはその役割を果たす。mRNAは、核のDNAから配列情報を写し取る（転写）ことで合成され、核外に運搬され、リボソームへと遺伝情報を伝える役目を果たす。

第２章

情報の保存と
絶え間なき変革

天平写経

高松塚古墳、キトラ古墳、石舞台古墳などのさまざまな遺跡で有名な奈良の明日香村には、のどかな田園風景の中に古墳とも丘ともつかないような小山が点在している。蘇我蝦夷・入鹿親子の邸宅があったという甘樫丘(あまかしのおか)に登ると、この飛鳥の里が一望できる。畝傍山、耳成山、天香久山の大和三山が見渡せ、その間には藤原京跡が眼前に見える。日本のあけぼのがここから始まったという先入観があるからだろうが、なんだかここだけゆっくりと時が流れているかのような気持ちにさせられる場所である。

石舞台古墳から、高松塚古墳へとつながる道の途中に広々とした寺跡がある。川原寺(かわらでら)跡地だ。『日本書紀』によると、日本で初めて写経が組織的に行われた場所が、この川原寺であった。飛鳥時代に日本に伝来した仏教は、それに続く奈良時代には政治的に大いに取り入れられ、仏教による「鎮護国家」政策として地方における国分寺や国分尼寺の建立へとつながっていく。そういったお寺に収めるための大量の仏典を複製する業務を担う官立の機関として写経司、写経所が奈良時代に設立されていくことになるが、川原寺で行われていた写経はその前身となるものである。印刷技術のなかった当時、写経は誤りの許されない大切な作業であり、そこで働く写経生は厳しい試験に合格した優秀な者に限られていたという。

経典の複写である写経には、情報という側面から考えると二つの意味がある。一つは情報の伝達である。各地に作られた国分寺などに正確に複写された経典が届けられることにより、質の揃った仏陀の教えを国内に広げることができる。そしてもう一つは情報の安定した保存である。仏陀の教えを口伝(くでん)伝承している限りは記憶違いや、いわゆる「伝言ゲーム」的な誤解や間違いにより、情報が劣化していく可能性があるが、経典にすることにより、劣化する可能性の低い情報として保管することができる。また、それを複写することは、原本の遺失による情報消滅のリスクを軽減し、均質なものがあちらこちらに存在することで、経典をある種「不変」のものとして確立することができると言えるだろう。実際、奈良時代の写経は天平写経と呼ばれ、特に質が高いことで知られており、現在も状態良く保存されているものが多い(図10)。千数百年も前のものが、記録媒体には多少の劣化が見られても、情報自体は当時とまったく変わらないものとして正確に現在でも残っている。これは印刷技術のなかった当時でも、文字情報を複製するという写経技術が確立されていたからである。

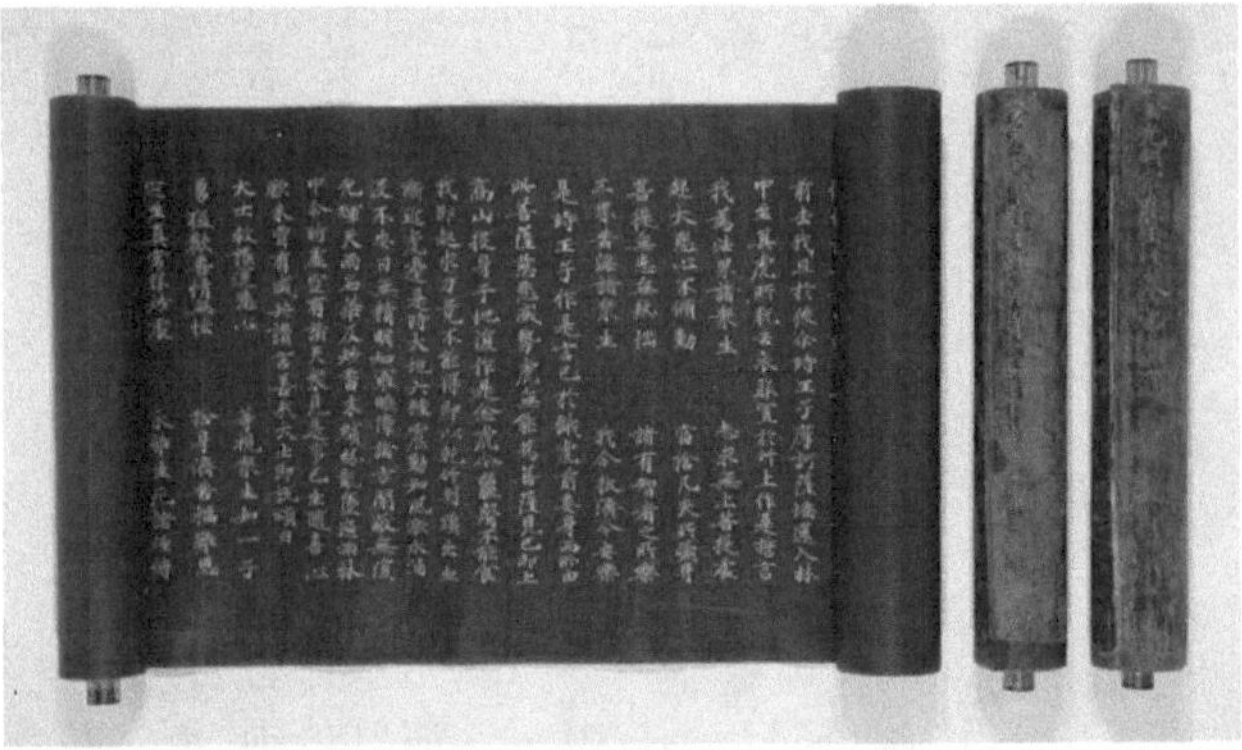

図10　天平写経の代表作　紫紙金字金光明最勝王経（奈良国立博物館）

情報の保存システムとしての核酸

これまで様々な生命の定義が提唱されているが、例外なくその中に含まれる条件の一つは、自己複製能を持つこと（子孫を作ること、増殖すること）である。この性質の本質的な意味の一つは、あたかも写経のように、コピーを作ることで継続した情報の保持・蓄積を可能にしていることだ。

情報を長期間安定して保存するための一つの方法は、物理的、化学的に安定な記録媒体、例えばプラチナや金のような金属、を用いることである。惑星探査機ボイジャーに搭載された人類からのメッセージを載せたレコードの素材には金メッキされた銅板が用いられたそうだが、これはそういった発想と言える（図11）。

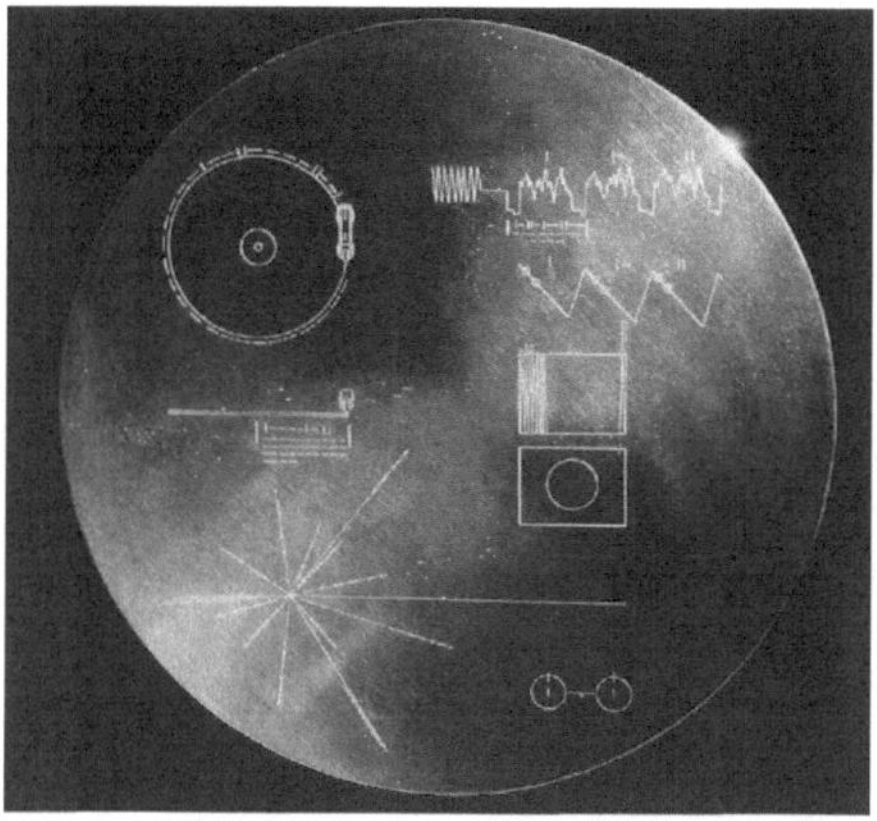

図11
惑星探査機ボイジャー1号に搭載されたゴールデンレコード（NASA）

そしてもう一つの方法は、個々の記録媒体の耐久性はさほど高くなくとも、そのコピーを簡単に作れるという性質を付与しておくことである。そのことで個々の媒体自体は短時間で消滅しても、「情報」は全体として保存されていくことになる。

生命においては、言うまでもなく後者の仕組みが利用されており、それが利用可能となったのは、核酸（トレオ核酸[19]「ＴＮＡ」やペプチド核酸[20]「ＰＮＡ」のようなプロトタイプを含む）が誕生してからのことである。構造上の特徴から情報の保持と複製という二つの性質を併せ持つＤＮＡやＲＮＡなどの登場により（序章参照）、生物は継続して長期間、情報を保存するシステムを手に入れた。それは「生命」の成立の上で、決定的なことであった。

現在、この地球に生存している生物は、多くの要素が複雑に入り組んだ機構で生命を維持しているが、そういった複雑なシステムは当然、一朝一夕には成立しない。地球で最初に誕生した「生命の素」がどのようなものであっても、それが「生命」と呼べる複雑な状態に進むためには、情報の保持・保存システムを内包するものでなければ、現実的に発展性はないと言ってよい。

「サルがタイプライターの鍵盤をランダムに叩いても、シェークスピアにはならない」が、もし1文字だけ足りない「Shakespear」という情報が保存されていれば、サルが鍵盤を叩いても「Shakespeare」ができる可能性は十分に高いのだ（図12）。つまり土台となる有用な情報を保存するための仕組みがあれば、そこに上乗せを繰り返すことで、複雑なシステムに発展する道が開ける。情報の保存システムがなければ、たとえ、どんな素晴らしい分子が偶然に産生されたとしても、それは一夜の夢、泡沫に消える一瞬の奇跡である。だから情報を保存するシステムの登場は、相転移のような決定的な違いを生む。「情報の保存」システムの成立、別の言葉で言えば、同じことを再現できるシステムの成立、これこそが「生命」という現象を成立させている一つ目の決定的な条件である。

もちろん、では「Shakespear」がどのようにして成立したのか、また、「Shakespear」のような有望な土台が選択的に保存されるような仕組みがあったからこそ「Shakespeare」ができたのではないかというのは、非常に重要な問いだろう。『利己的な遺伝子』で有名

図12　サルがタイプライターを叩き続けたら「シェークスピア」になるか？

なリチャード・ドーキンスは、著書『ブラインド・ウォッチメイカー』でそのからくりを累積淘汰という自然淘汰の漸進的な積み重ねで説明することを試みた。「Shakespea」と「Shakespee」の間にも、何らかの小さな淘汰が働く差があり、また、「Shakespear」と「Shakespeal」の間にも同じように淘汰が働く差があり、そういった小さな差が積み重なった結果、「Shakespear」が優先的に残されてきたという考え方である。その差がどんなものなのか、どんな形質にもその仮定が当てはまるのか、といった個別な問いは、ここではいったん置くとしても、このドーキンスの言う累積淘汰を可能とするためには、そこまで築いてきた情報を保存するシステムが必須である。継続した情報の保存、すなわち「情報の保存システムを持つこと」は、淘汰の実体が何なのかという次なる疑問にたどり着く以前に必要な条件として存在している。持っている情報が、有用なものであれ、無駄なものであれ、タンパク質であれ、RNAであれ、それらは二次的な問題であり、同じことを再現できる「情報の保存システムの成立」、それ自体が「生命の成立」のために第一義的に重要である。

絶え間なき情報の変革

情報の保存システムは、「生命」という現象の基盤となる大切な仕組みであるが、「生命」という現象はそれだけでは成立しない。情報を保存するだけでは、金やプラチナのプレートに書き込んだ記録となんら変わりはない。では、何が「生命」と金のプレートを区別しているのだろうか？　答えは容易である。金のプレート上の情報は変化しないが、生物の持つ情報は変わっていく。すなわち「生命」に決定的に重要な二つ目の要素とは、情報の改変システムを内包していることである。より正確には、改変された情報を持つ自己の派生物を絶え間なく生み出すシステムを持つことと言うべきだろうか。「生命」の特徴として常に挙げられることに「進化すること」あるいは「環境に適応すること」があるが、その原動力となっているのが、この内包された「情報の変革」システムである。

まず、進化、あるいは環境への適応、という現象について、現代の進化論ではどう考えられているのか簡単に概説したい。進化論の原点となっているのは、１８５９年に発表された、有名なチャールズ・ダーウィンの『種の起原』である。その出版から１５０年以上経った現代でも「進化論」はダーウィンが提唱したモデルから、大枠で出ていない。このため現代進化論の主流派はネオダーウィニズムとも呼ばれている。ダーウィンが提唱した重要な概念は二つに集約される。一つ目は、生物には変異が起こり、それが親から子へと伝わっていくこと、二つ目は、より環境に適応した個体が、ほかよりも多くの子孫を残していくこと（自然淘汰）、である。進化とは、この二つが繰り返されることで起こるとした。その後、変異が起こる機構についての情報付加や、進化における「偶然」の作用、種分化における地理的・生殖的「隔離」の重要性など、いくつかの修正は加えられているが、変異による多様性の創出とその自然淘汰による選抜という基本概念は崩れていない。

つまり生物の特性である「進化」も「環境への適応」も、生物の側に「善悪」を判断して望ましい方向へ進むような摩訶不思議な機構があるのではなく、ランダムな変異から生まれた子孫のうち、より環境に適応したものがたまたまできれば、それが多くの子孫を残していき、優占的に広がっていくため、結果的に「進化」したように見えたり、「適応」したように見えるというのが、現状の進化論による説明である。このモデルに従えば、生物が環境に適応したり、進化する確率を高めるためには、より大きな多様性を持つようにさまざまに変異した子孫集団を作り出せることが重要ということになる。

では、変異を作り出すとはどういうことなのか、ここで翻ってＤＮＡの構造からそのことを考えてみたい。「変異」とは、元の状態から違ったものが現れることだが、たとえば家のリフォームや車のモデルチェンジを想像してみると、変異を作るというのは、きわめて複雑な作業だということが分かる。家を改造するといっても、屋根なのか、ドアなのか、あるいは窓なのか？　色を塗り直すという程度の改造なのか、壁紙を貼り替えるのか、あるいは骨組みから変えるのか？　何をするかによって、必要な材料も違うし、工程も違う。また、工事に必要な技術・スキルもまったく違う。生物のいろんな変異を作りたいと考えれば、それに見合うだけの複雑な化合物や酵素や化学反応が必要なはずである。そんなことがどうやって可能になっていったのだろうか？

この多様性に富んだ子孫を作るという難題を、ＤＮＡは実にシンプルな方法で解決している。ＤＮＡ上の変異というのは、原理的にはたったの2種類しかない。一つは、長さの変化であり、もう一つは塩基の種類の変化である。これだけで、この地球上に棲む多種多様で複雑な生き物たちをすべて作り出してきたのだ。それは驚異と言って良いほど、シンプルで優れた仕組みである。

まず長さの変異であるが、ＤＮＡやＲＮＡなどの核酸は、デオキシリボースなどの糖と塩基からなるヌクレオシドを基本単位として、これを次々とリン酸を介して連結することで生成されるため、長さの変化に対する許容度は構造的にきわめて大きい。イメージとしては、四角いブロックに四つの異なった色がついており、それらを直線的に次々とつなげていくことを想像すれば良い。同質のものを次々とつなげていく作業であるため、容易に長さを変えることができる。これは情報という観点で見た場合、本のページを増やすように、新たな情報を簡単に足すことができるということを意味する。この性質は、蓄積された情報を増やし、複雑化していく上で非常に重要である。

これを利用して現実の生物は驚くほどの多様性を示している。現在、知られている最大のゲノムを持つ生物は、ユリ科の高山植物であるキヌガサソウとされており、ゲノムを構成する塩基数（ブロックの数）が1・5×10^{11}個程度と推定されている。一方、生物かどうかは議論があるが、最小のゲノムを持つ病原体としては、植物に病気を起こすウイロイドがあり（第3章参照）、このゲノムはRNAの塩基数がわずか250個程度である。最大のキヌガサソウと比べるとなんと5億倍以上の差がある。「独立」して生きていける細胞性生物の最小ゲノムは、先に挙げた*P. ubique*のものであるが、塩基数が1・3×10^6個であり、これとキヌガサソウを比較しても、10万倍以上の「長さ」の差がある。同じ「生物」の細胞といっても、その中心にあるDNAの長さは、驚くほど違っている。

一方、長さの変わらない変化としては、塩基の置換である。序章でDNAにはA、C、G、Tの四つの塩基があることを述べたが、DNA鎖を形成しているこの塩基の並び方が変わることで変異が起こる。ACGTというDNAの配列があったとすると、これがたとえばCCGTというふうに1文字変化したり、TGCAと逆さになるような変化が起こる。四角いブロックに赤と青と白と黒のものがあったとすれば、たとえば赤青と並んでいたものを、赤黒と組み換えるようなものである。

これらの仕組みは変異（バリエーション）を作り出す上で実に巧妙である。バリエーションといってもブロックを押しつぶして形を変えてつなげたり、まったく違う、たとえば三角のブロックを持ってきたりするのではなく、形の揃ったものの並びや長さを変えることで、微妙なバリエーションを作っていく。ものの形そのものを変えてしまうと、塩基対合の対称性が失われ、自己のコピーを作る際に不都合が生じ、第一の必要条件である「情報の保存」に問題が起きてしまう。そこでコピーを作るシステムに忠実に準拠しながらも、変異を生み出すことが可能な仕組みを作り上げているのだ。このDNAが構造上、長さや塩基の変化という「変異」をシステムとして無理なく作り出していけるということが、生物が変異するという性質に大きく寄与している。

現在の哺乳動物を例にとると、ある塩基が1年間に変異する確率は2・2×10^{-9}程度（約

4・5億分の1）と試算されている。ヒトに話を絞れば、近年、次世代シークエンサーを用いた大規模な変異解析により、より正確な試算が行われ、ある塩基が一世代の間に変異する確率は1・1×10^{-8}程度と推定された。これに準ずれば、自分たちの親からもらったDNAを基準として60塩基ほどが変異したDNAを子供に渡している計算になる。この変異のスピードを速いと感じるか、遅いと感じるかは人それぞれだろうが、生物が誕生してから30億～40億年になるという時間の長さを考えると、この真核生物における年あたりや世代あたりの塩基変異率はかなりの大きさである。また、現在の真核生物の塩基変異率は、より下等な原核生物やウイルスなどと比べると、かなり低くなっていると考えられており（第3章、図22参照）、初期の生物の変異率はもっと高かっただろう。生物の歴史の中で塩基配列はゆっくりではあるが、絶え間なく変わり続けてきた。そして、それが生物を生物たらしめる原動力となってきたのである。

さて、しかしここまでの話に違和感を持つ人もいるだろう。ブロックで色の並びや長さが変われば、確かに違いのあるブロックはいろいろと作り出せるだろうが、それで家のリフォームや車のモデルチェンジのような多様な違いをどうして生み出すことができるのだろうか？　そうやってできる色の違いのような変化は、現実の生物の多様性と比べて、あまりに「地味」ではないだろうか？

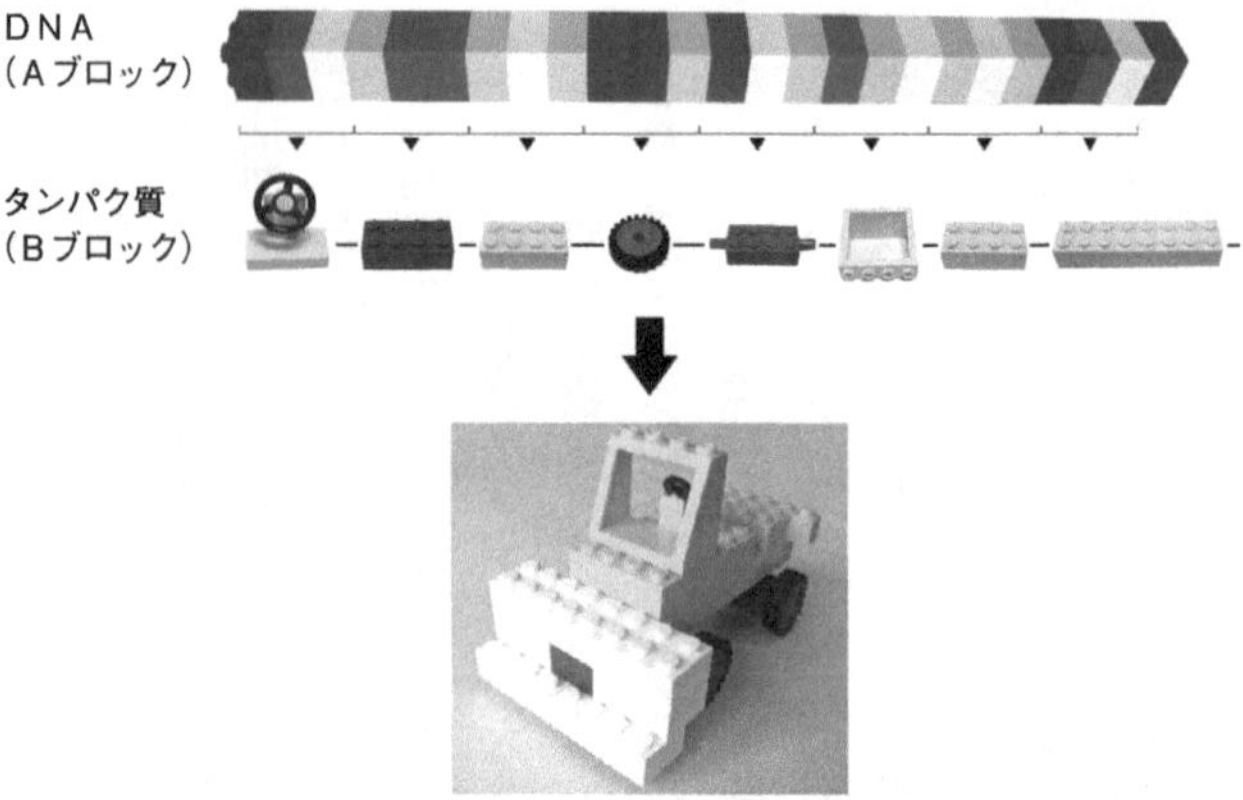

図13　DNAからタンパク質への翻訳機構を介した「変異の増幅」の概念図

ここにあるトリックが、DNA上の情報をタンパク質へ翻訳するという機構である。ご存知の方も多いと思うが、DNA上の塩基の並びは三つを一組としてアミノ酸（タンパク質）へと翻訳される。たとえば、ATGと塩基が並べば、これはメチオニンというアミノ酸に翻訳されることになる。これをブロックにたとえて説明するために、種類の違う二種のブロック（たとえばレゴブロックとダイヤブロックのような）を想定し、Aブロック、Bブロックと呼ぶことにする。DNAのタンパク質への翻訳は、三つのAブロック（DNA）で作った色のパターンに対応させて選んだBブロック（アミノ酸）を順につなげていくことになぞらえることができる（図13）。大事な点は、このブロックの使い方にはルールがあり、Aブロックでは色の違う4種の小さな四角ブロックしか使えないのだが、Ｂブロックでは20種もの異なったブロックを使って良いことである。Ｂブロックの中には形も大きさも違えば、たとえばタイヤがついていたり、窓がついていたりと、性質の違う多種多様な素材のブロックが含まれており、これを組み合わせることで車を作ったり、家の材料にしたりすることができるようになる。言葉を換えれば、このＡブロックからＢブロックへの変換という過程を通すことで、Ａブロック上の色の変化という小さな変異を増幅し、タイヤが窓になるような大きな変化を引き起こせるのだ。また、さらに言えば、Ｂブロックではさまざまなブロックを使って、たとえば工事をするショベルカーや物を運ぶトラック等を作り出すことができるため、今度はショベルカーやトラックを使って、さらに大きな変化を生み出すことができる。すなわち、出来上がったＢブロックにはさまざまな「機能」を付加することが可能で、それによりさらに変異の幅が増幅される。この翻訳という機構による「変異の増幅」が、ＤＮＡ自体の化学物質としての性質には大きな変化を与えることなく、つまり記録媒体として大切な相補性や対称性等を失うことなく、結果としては生物の性質に大きな変異を産み出していくための「生命」の重要なからくりとなっている。

カオスの縁

ここまで述べてきた生物を成立させている二つの重要な性質、「情報の保存」と「情報の変革」は、実は正反対のベクトルを持っている。情報の保存にとって大切なことは、正確な情報の伝達である。たとえば、仏典のコピーを作る際に複写のエラーが起これば、せっかくのありがたい仏陀の教えが間違って伝わってしまう。これは特に仏陀の教えのように完成度の高いもののコピーである場合に、影響が深刻である。

生物にとっても、同じ問題が進化の過程で生じてくる。生命の誕生のごく初期を除けば、生物は自己分子の複製という必要条件を維持するためにある程度完成したシステムを作り上げていたはずである。進化や適応のために変異が必要とはいっても、一般的に言えば、そういったある程度完成しているシステムを変化させた場合には、なんらかの機能が失われ、生命の継続ができなくなる、すなわち「死」に至る可能性が高い。現存するシステムというものは、少なくともその時点で機能するからこそ存在しており、その存在には根拠がある。安易な変異は危険以外の何物でもなく、正確な自己複製はきわめて大切なのだ。

しかし、一方、単に忠実に現在あるもののコピーを続けるだけであれば、永遠に同じことが続くだけである。これはまた別の意味で、生物としての「死」と言える。その状態では変化も進化もなく、単に鉱物の結晶が拡大していくようなものに過ぎない。そして、実際、その決まった動きは環境が一定であれば休みなく続くだろうが、たとえば地球の気温が上がったり、紫外線の量が増えたりと、それを支える環境が少し変わっただけで、その継続が簡単に不可能となり、やがて死滅することになるだろう。

すなわち「生命」には今を維持しようとする力と、それを変えようとする力という、二つの矛盾した力が内包されており、そのいずれもが「生命」を成り立たせる上で、必須なのである。しかも、この両方は相矛盾するベクトルを持っており、どちらか一方に偏ってしまっては「生命」が成り立たない。いったい、この「究極の矛盾」を生物はどうやって解決しているのだろうか?

この問題を説明する一つの仮説が、1983年に意外なところから発表される。発案者はロンドン生まれの理論物理学者スティーヴン・ウルフラムである。ウルフラムは、セル・オートマトンと呼ばれるコンピューター上のプログラムを研究していた。セル・オートマトンとは、複数のセル（格子）から構成されたオートマトン（自動機械）を意味する言葉で、セルにいくつかの状態（たとえば生細胞と死細胞など）を定義しておき、その状態が自分の周りのセルの状態によって変化するような規則を与えるシステムとして、特徴づけられる。その結果、周囲との相互作用を通じて、時間とともに全体のセルの状態が自律的に次々と遷移していく、ある種、小さな生態系を模したようなことが起こっていく。

ウルフラムは、このセル・オートマトンにさまざまな初期状態と単純な規則を与えてみることで、多様な遷移パターンが発生することを発見した。時には、単純な規則から時間の経過とともに予期せぬ複雑さが生まれ、その姿は、あたかも自然界の複雑さを模倣したもののようであった。彼はその研究の結果、セル・オートマトンの遷移様式は、以下の四つのクラスに分類できることを示した（図14）。

クラスⅠ - セル全体が同じ状態になり、変化しなくなる。∴秩序状態
クラスⅡ - セルの時間発展につれ、周期的な変化になる。∴秩序状態
クラスⅢ - セル全体がランダムな変化を続ける。∴カオス状態
クラスⅣ - 規則的なパターンとランダムなパターンが共存し、複雑なパターンを形成する。∴複雑系

これをこれまでの話に当てはめると、クラスⅠは何も動かない死の世界である。クラス

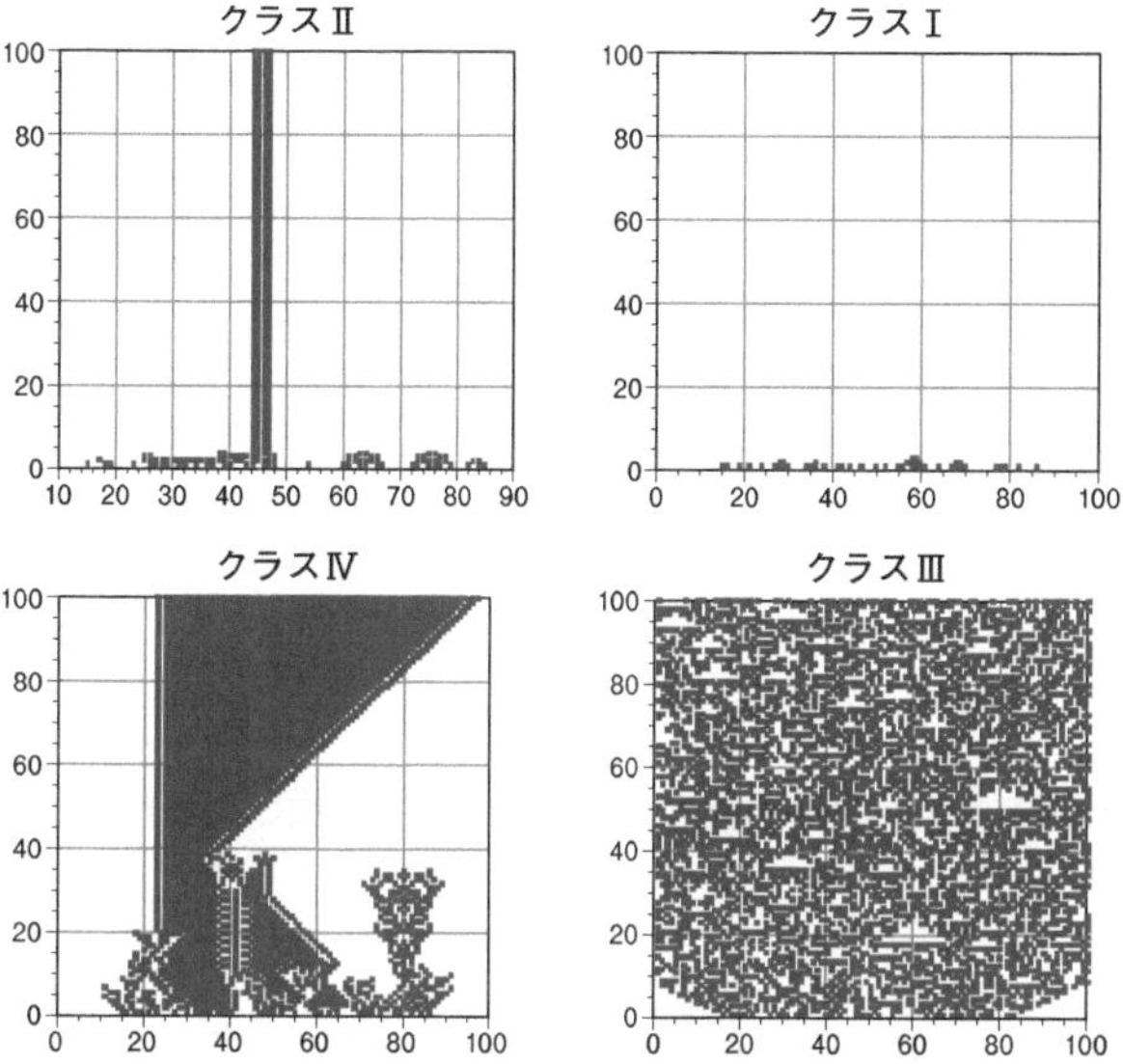

図14　セル・オートマトンに現れる４クラスの遷移様式の例
原図は鈴土知明先生（日本原子力研究開発機構）のご厚意による

Ⅱは、忠実にコピーを繰り返す変異のない世界である。状況が変わらなければ安定したまま永遠に同じことを繰り返すことになる。クラスⅢは、変異が多発している状態である。変化がランダムに発生しすぎて、結局、意味のあるシステムを維持できないカオス（混沌）の支配する世界となっている。そして最後のクラスⅣのような状態こそが、現実の「生命」という現象の源となる状態だとウルフラムは考えた。

　その後、人工生命研究の創始者として有名なクリストファ

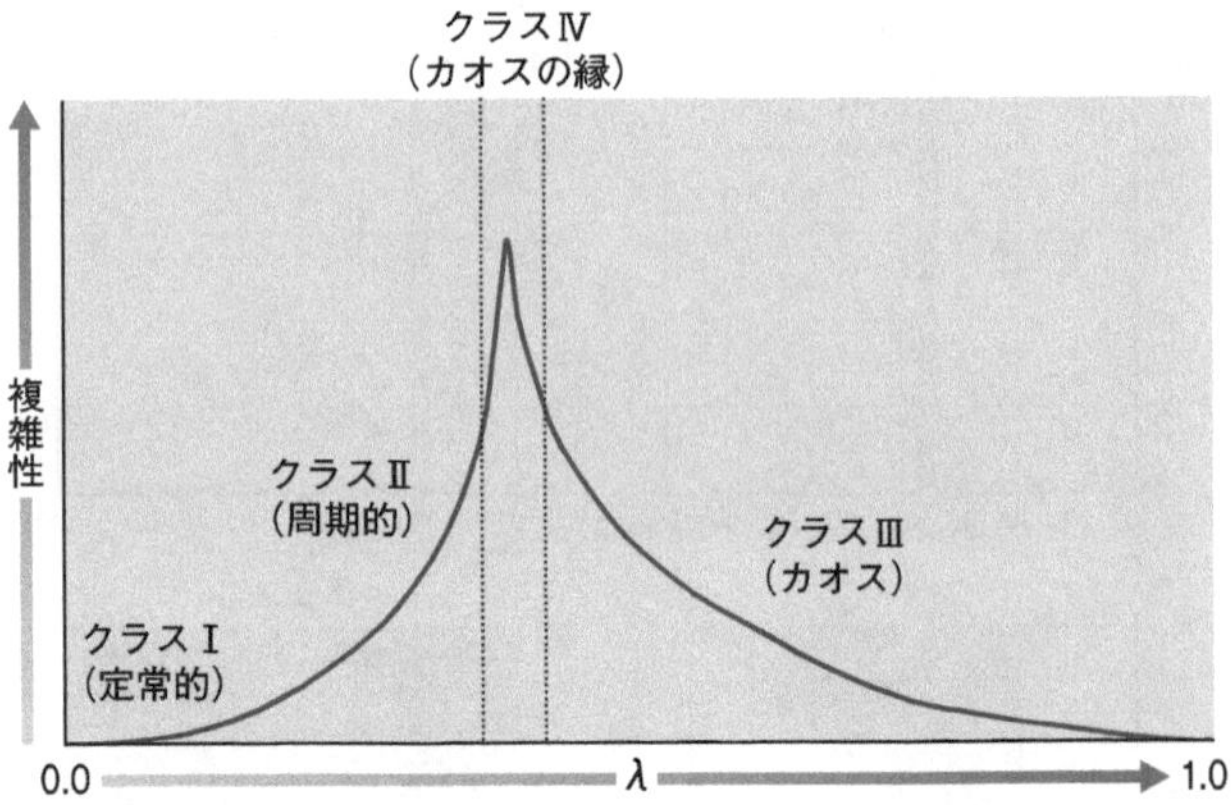

図15　λパラメーターの変化によるセル・オートマトンの複雑性の推移

ー・ラングトンらの研究から、このクラスⅣの状態に関して、「カオスの縁」という概念が提唱されることになる。秩序立った世界であるクラスⅠやⅡから、λパラメーターと呼ばれる動的なパラメーターを大きくしていくとクラスⅢのカオス状態へと移行していくことが分かったのだが、クラスⅣは、この秩序からカオスへと相転移する間際に現れることが示された（図15）。つまりクラスⅣはカオスの周縁領域、「カオスの縁」にその姿を現すのである。このカオスの縁では、秩序と偶発性が適度に混じった状態で存在し、小さな創生と破壊が繰り返されることにより、予想もしないようなさまざまな多様性（複雑性）が生まれる。そこでは部分の性質の単純な総和からは予想が難しい性質が現れることがあり、そういった事象に「創発」という言葉が当てられている。

この創発は、生物の世界に広く見られる現象である。たとえば脳細胞の一つ一つの動きや刺激の伝達は、比較的単純なものと現在考えられているが、１４０億個と言われる脳細胞の全体のネットワークを通じて、人の高度な精神活動が生まれてくる。これは個々の脳細胞間の相互作用、たとえばドーパミンやセロトニン[*21]などによる単純な刺激の伝達機構のようなものからは、簡単に予測できないものである。あるいは、昔から「三人寄れば文殊の知恵」という言葉があるが、これも創発の一種と言えるのかもしれない。このような性質が、カオスの縁には存在することが示された。

このセル・オートマトンを用いたコンピューター上のシミュレーションが、いったい、何の意味を持つのか？　それは「たまたま」生命現象とよく似た挙動を示しているのだろうか？　それとも生命の本質につながる原理を示しているのだろうか？　λパラメーターと突然変異率とは同一のものではないが、忠実な遺伝子の複製が続くところに、少しずつ変異率を上昇させていくと、どこかの時点で自己の複製が維持できなくなり、カオス状態へと相転移を起こす点があるはずである。しかし、生命はそのギリギリ前の「カオスの縁」に留まる変異率を維持することで、複雑な進化や適応を可能としてきたという考え方は非常に魅力的に映る。

しかし、一方、現実の生物に目をやると、「生物」とはそんなに脆(もろ)い存在なのだろうか？　という思いもする。図15にあるように、カオスの縁に留まるためのλパラメーターの範囲は狭く、それはあたかも、一方にはすべてを凍りつかせる深淵の氷、そしてもう一方にはすべてを焼き尽くす灼熱の炎、そんな両側が断崖絶壁の細き道を行くがごとしである。いずれかに少し傾いても、あっという間に転がり落ち、そこには「死」が大きな口を開けて待っている。そんな剣ヶ峰を生物は、この40億年もの長い時間、失敗することなく、歩き続けてきたのだろうか？　生物の持つ特徴が「カオスの縁」的な性質を持っていることが単なる偶然とは思えないが、一方、生物というシステムはもっとしなやかで、もっとしたたかなものではないかという思いが、実際に生きた生物を実験材料として日々扱っている身としては捨てがたくある。次章では、その生物のしたたかさを支える原理について話を進めてみたい。

注釈

＊19 **トレオ核酸** ＤＮＡではデオキシリボースという五炭糖が骨格として使われているが、トレオースという四炭糖を骨格とした核酸のこと。Threose Nucleic Acidの略でＴＮＡと表記される。四炭糖は五炭糖より単純な化学反応で生成することから、現在のＤＮＡやＲＮＡの前駆体となった可能性があると考えられている。２０１２年の『ネイチャー・ケミストリー』誌にはＴＮＡがほかの核酸やタンパク質と実際に相互作用することが報告されている。

＊20 **ペプチド核酸** ペプチドはデオキシリボースなどと比べると、比較的単純な化学反応で生成するため、化学進化の初期にペプチドを骨格とした核酸が存在したのではないかという仮説から合成された人工的な分子。Peptide Nucleic Acidの略でＰＮＡと表記される。よく用いられるＰＮＡではＮ‐（２‐アミノエチル）グリシンがアミド結合で結合したものが主鎖となり、核酸塩基がそれに結合している。

＊21 **セロトニン** 脳内の神経細胞のシグナル伝達を担う物質の一種。ただし、セロトニンは、脳以外の器官にも多量に存在しており、ホルモンとしても機能していると考えられている。

第３章

不敗の戦略

ふしぎなポケット

少しゲームやギャンブルに詳しい人なら「マーチンゲール法」という賭け方（ベット法）を聞いたことがあるだろう。このベット法は、負けたら賭け金を倍にして賭けを続け、勝ったら賭け金を最初の額に戻す、という単純なルールであり、ルーレットの赤黒など、勝ち負けの確率が2分の1のゲームで威力を発揮すると言われている。たとえば、最初に赤に100円賭けて負けたとすると、次は赤に200円賭ける。勝てば200円入ってくるので、先に負けた100円を差し引いても100円の勝ちになる。200円賭けて負けた場合は、次は400円賭ける。先に負けている額は100円と200円を足した300円となるので、勝てば100円の勝ちになる。この賭け金を倍にするという行為を勝つまで繰り返す。黒がn回連続して出る確率は、2分の1のn乗になるので、たとえば10回続けて赤に賭ければ、負ける確率は1000分の1以下になる。もっと言えば、黒が20回連続する確率は100万分の1以下であり、この「倍プッシュ」を20回繰り返せる資金力があれば、100万回に1回以下しか負けない。

あたかも必勝法に思えるようなこのベット法ではあるが、そこには大きな落とし穴がある。それは、この方法が実はハイリスク・ローリターンであることだ。この方法では、最終的には勝つことになっても、その結果、得られるのは最初の賭け金である100円だけである。もし、10回連続で負け続けるとその際の賭け金は10万円を超えることになる。20回連続だとおおよそ1億円である。負ければ1億円を失い、勝っても100円である。しかも、勝つ確率は実は毎回2分の1なのだ。現実にはどんな人の資産も有限であり、この方法では小さく勝って、いつか大きく負けて破産するというパターンになりがちである。また、現実問題として1億円の資金を動かせる人がギャンブルで100円勝ったとしてもほとんど意味はない。

そこで考えられたのが、逆マーチンゲール（パーレイ）法という方法である。これは負けた場合は、最小単位の賭けを繰り返し、勝ったら賭け金を2倍にしていくという方法である。もし、最初に100円を賭けて勝ったとすると、次は賭け金を200円とする。200円のうちの100円は、勝ったお金であるから、勝ち続ける限り、幾何級数的にどんどん儲けが大きくなっていくが、たとえ負けても失うのは、最初の100円だけである。その意味で、ローリスク・ハイリターンが望める方法として考案されたものだ。しかし、この方法では、一度でも負けるとそこで100円の負けに逆戻りということになり、ある意味、安全なベット法ではあるが、おおむね小さく負けるという結果になってしまいがちである。

この逆マーチンゲール法の改良版が、勝った場合に賭け金を1・5倍にするという手法である。これを用いると、最初に100円を賭けて勝ったとすると、次は賭け金を150円として、勝った収益のうち50円分を資本として貯蓄する。次に勝つと150円の1・5倍で225円賭け、75円を貯蓄に回す。この時点で、貯蓄された額が125円となり、後はどの時点で負けたとしても、25円以上の儲けは残る理屈になる。最初に2連勝さえすれば、もう負けはない。戦略的には、かなりリスクを抑えた優れた方法と言えるが、現実的には勝ちも負けも小さいチマチマした戦略という形になる。

これを言うと身も蓋もないが、実はこれらの戦略はどうリスクを管理するかという点が違うだけで、どれを使ったとしても、フェアな賭け事である限り、得られる儲けの期待値は実は0である。また、完全に元本を保証したベット法も存在しない。もし、あるとすれば、それは「ポケットを叩けば、ビスケットが二つ」という『ふしぎなポケット』でも使うしかない。元本が2倍に増えれば、一方を完全にギャンブルに使って負けても、元に戻るだけである。勝つ可能性が多少でもあれば、儲けの期待値は0以上になる。

「カオスの縁」を歩き続け、進化の歴史の中でその勝負に勝ち続けてきた生物とは、いったい、どんなベット戦略を使ってきたのだろうか？　「神はサイコロを振らない」というアインシュタインの言葉があるが、生物は実はこの『ふしぎなポケット』戦略を使っていたのではないか、というのが本章の話である。

不均衡進化論

DNAが情報を継続して保持していくためには、複製が必須である。DNAの複製は、これまでに述べてきたように塩基の凹凸による相補性を利用して行われる。この際、二本鎖のDNAがほどけて2本の一本鎖となり、それらが鋳型になることで新生鎖を1本ずつ合成していき、最終的に2本の二本鎖DNAになっていく。こう書くと単純な話に聞こえるが、実はこの多くの生物に普遍的なDNAの複製というプロセスは、少し不思議な機構によって行われている。その不思議さを最初におおざっぱに説明すると、新生鎖は両側の親DNAを鋳型に計2本合成されているが、生物は、この2本の新しいDNA鎖の合成になぜか違った様式を採用しているのである。いったい、どうしてそんなことをするのだろうか？　その不思議さこそが、今回の話、「不均衡進化論」のミソである。不均衡進化論は、古澤満らが1992年にJ. Theoretical Biologyに発表し提唱している日本発のユニークな進化論であるが、おそらく生物進化の核心をついている。

この説を説明するためには、DNAの複製様式から話を始めなければならない。図16は、DNA複製の過程を簡略化して模式的に示したものである。複製の際にまず塩基によ

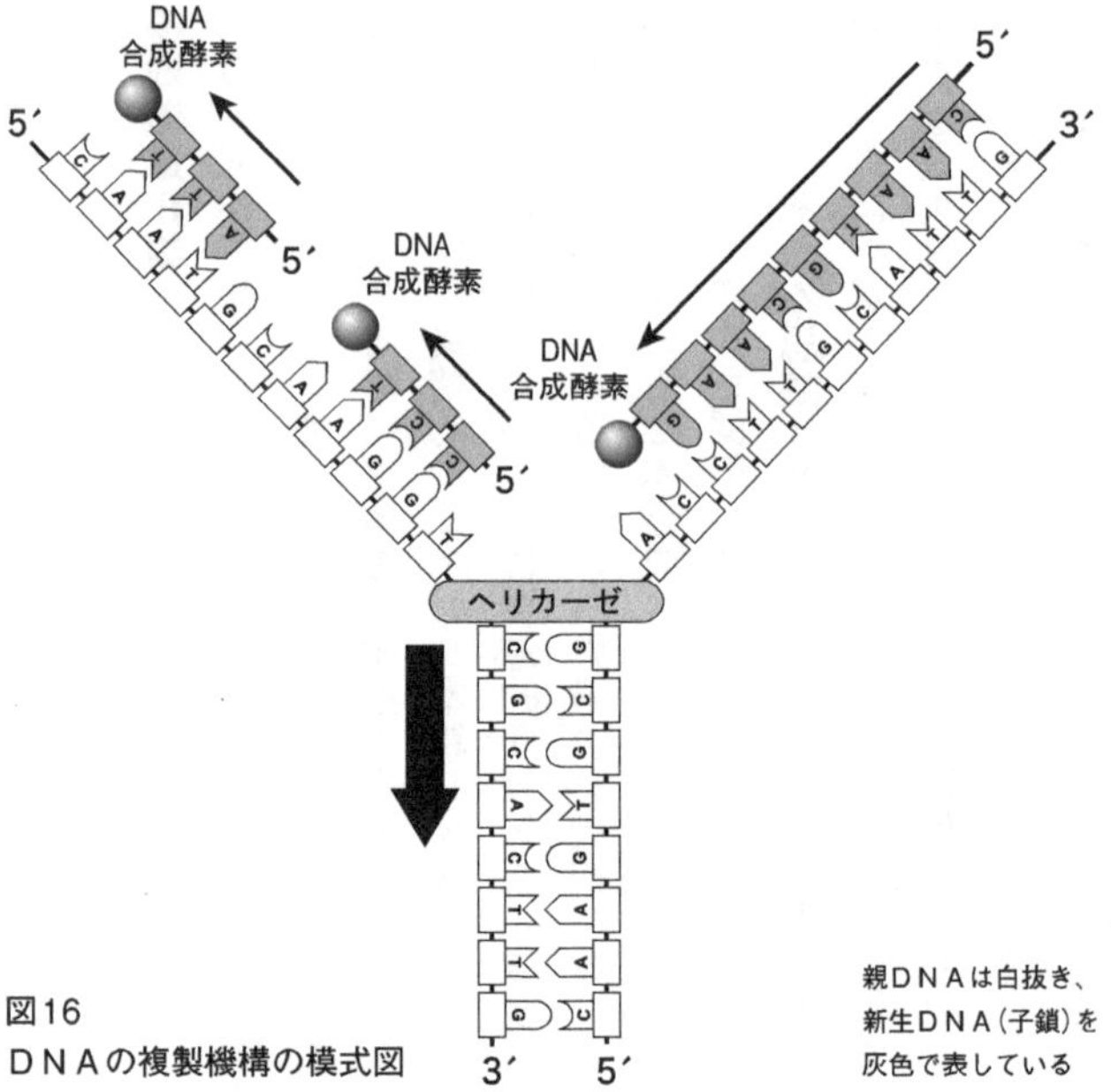

図16
ＤＮＡの複製機構の模式図

る凹凸部を露出させる必要があるため、ヘリカーゼ[*22]というタンパク質の作用で二重螺旋のＤＮＡが部分的にほどけて、２本の一本鎖ＤＮＡとなっていく。図には部分的にほどけた親ＤＮＡをＹ字型に示しているが、この図の下の方向に向けてヘリカーゼはさらに二本鎖ＤＮＡをほどいていくことになる。一方、新しいＤＮＡの合成はどうなっているかというと、当然、ヘリカーゼの進む方向に合わせて進んでいくことになるのだが、その様式が右側の子鎖と左側の子鎖で異なるのだ。右側の子鎖は、

ＤＮＡの二本鎖がほどけると同時に合成が連続的に進んでいくが、左側の子鎖では合成がヘリカーゼの進行方向と逆向きに行われ、不連続な短いＤＮＡ断片[*23]を次々と合成しては、それをつなげていくという形でＤＮＡ複製が起こる。イメージとしては、前向きに押しながらどんどん雑巾がけをしていく作業と、後ろ向きにちょっと下がっては前を拭き、またちょっと下がっては前を拭くという行為を繰り返すことで雑巾がけをしていく作業との違いのようなものである。明らかに後者は、作業効率が悪く、また作業ステップも複雑になってしまう。ちなみに後者のようなＤＮＡ複製様式が起こっていることを証明したのは、名古屋大学の岡崎令治であり、その業績を称えて、これらの短いＤＮＡ断片は「岡崎フラグメント」と呼ばれている。このような複雑なＤＮＡの複製様式が存在することは、発見当時、非常な驚きをもって受け止められ、夭逝した岡崎が生きていれば、ノーベル賞は確実だったと言われている。日本の分子生物学の歴史に輝く業績である。

生物のＤＮＡ複製が、このような複雑な様式になってしまうのには理由がある。端的に言えば、ＤＮＡの複製を担う酵素の特性上、シンプルに両側で連続的に複製することが困難なのだ。序章に述べたように生体の中でＤＮＡなどの核酸が酵素により合成される際には、必ずすでに存在するＤＮＡ鎖の末端のデオキシリボースの3番目の炭素に、次のデオキシリボースの5番目の炭素が連結されるという反応になる（図17）。より正確には、化学記号のルールにより、3番目は3′、5番目は5′と表記されるため、DNAの向きは先頭が5′番目の炭素で、最後が3′番目の炭素ということになる。よく5′から3′方向にDNAの合成が進むというような表現がされるが、これはデオキシリボースの炭素につけられたこの番号に由来する。

さて、二本鎖のDNAは、対になった鎖が一方の鋳型になっている関係性からも類推されるとおり、5′→3′の向きが両方の鎖で逆の形で対合している。このような二本鎖では、ヘリカーゼの進行する方向にどんどん押しながら雑巾がけをしていくような、連続的複製をやろうとすると、やっかいな事態が生じる。右側の鎖（リーディング鎖、または連続鎖と呼ぶ）は、合成される新生DNA鎖が都合良く5′→3′の方向となるので支障はないのだが、もう一方の鎖（ラギング鎖、または不連続鎖）はヘリカーゼの進行方向が反対の3′→5′となってしまうため、そのままの方向ではDNAの合成ができない。そこでDNA開鎖の進行方向に背を向けて、短いDNAを5′→3′の方向にいくつも作って後でつなげるという複雑な複製様式になってしまうのだ。

ここまで説明したように進化の結果である現在の生物における少し不思議なDNA複製の機構には、DNAの合成方向の制約から来る理由が確かに存在する。しかし、私がこの有名な「岡崎フラグメント」が関与するDNA複製機構を初めて学んだ時、かすかな違和

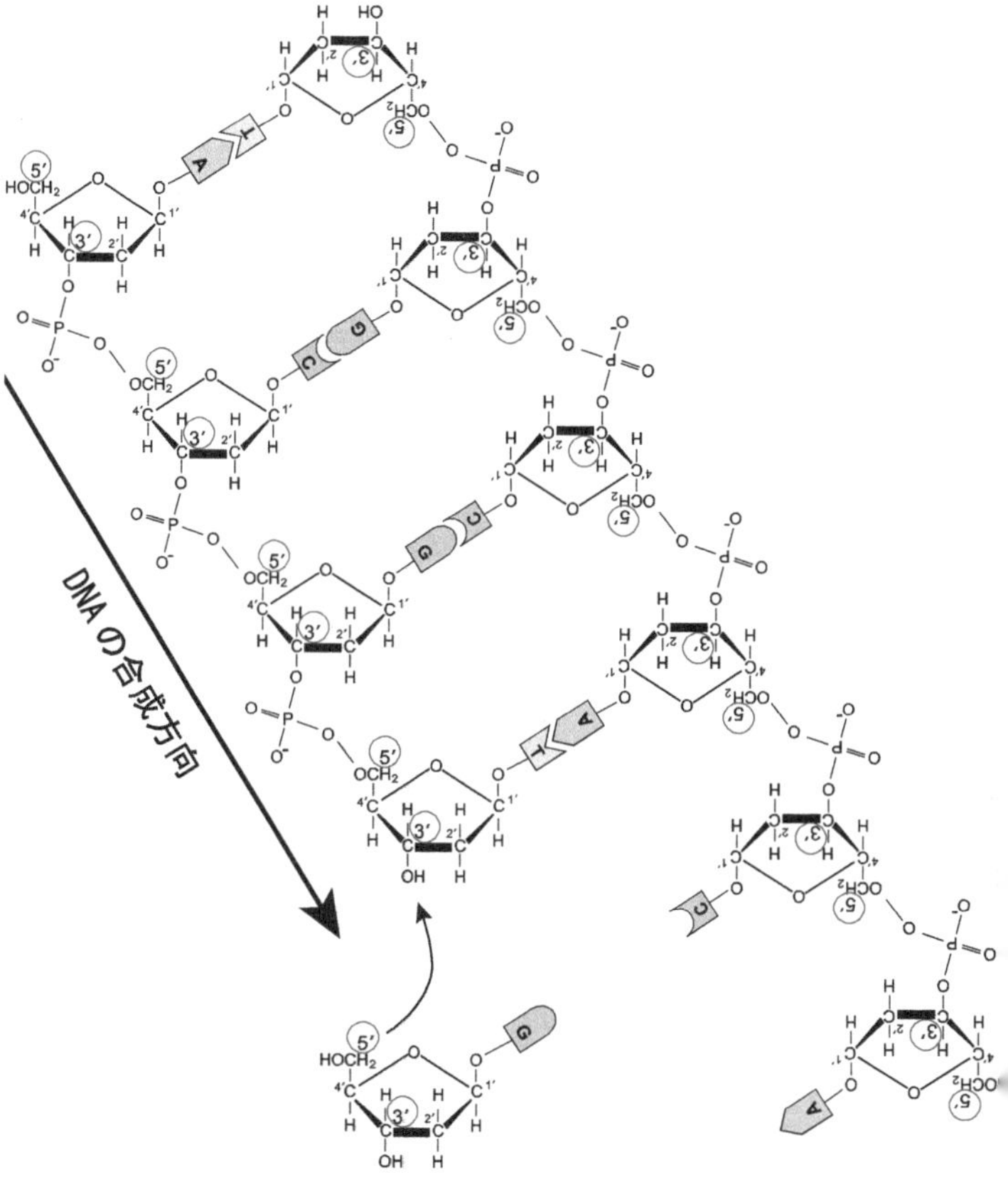

図17　方向性のあるＤＮＡの複製機構
ＤＮＡの新生は必ず５′→３′の方向で進行する

感を持ったことを覚えている。それはＤＮＡの複製という生命の根本に関わるプロセスを、なぜこのような非対称的な、ある意味、「美しくない」機構によって行うのか？ということであった。実際、生物にはいろんな進化の可能性があったはずだ。たとえば、3′→5′の合成を行えるＤＮＡ合成酵素の創出だ。ＤＮＡの合成というのは必ずしも5′→3′にしか進まない化学反応というわけではない。実際、ＤＮＡを人工的に化学合成する際には、3′→5′の方向で反応を進めていく。それに対応した酵素や基質があれば、決して不可能な化学反応ではない。5′→3′方向に合成が進む酵素と3′→5′方向に合成が進む酵素がペアとなってＤＮＡ複製を行えば、この問題は簡単に解決する（図18左図）。あるいは、一方向にしか合成は進まなくとも、たとえば図18右図に示したように、ほどいたＤＮＡ領域の両端から複製を開始するようなモデルも、多少の難しさはあってもあり得るだろう。しかし、実際の生物はそれらを選ばず、進化の結果、この非対称で複雑なＤＮＡ複製様式が採用されることとなった。これはなぜなのだろうか？

不均衡進化論の提唱者である古澤は、この非対称性こそが、進化の原動力であるとした。そのキーとなるアイディアは、連続鎖と不連続鎖における合成様式の差が、遺伝子の突然変異率に差を生むということだ。連続してスムーズに合成が進む連続鎖と比べて、合成の過程が複雑な不連続鎖はステップが多く、ミスが生じる確率、つまり突然変異率が高いことが想定される。プラスミド[*24]における解析ではあるが、実際に古澤らは不連続鎖のほうが10～100倍程度、変異率が高いことを実験的に示している。もし、染色体における変異率もこれと同じとすれば、新たに合成された2本の子孫DNA鎖は、変異の多いものと変異の少ないものの2種類が出てくることになる。

ここがミソである。つまりこのことにより、これまでに書いてきた生物の根源的な矛盾、「情報の保存」と「情報の変革」の共存が実にスマートに解決される。すなわち子孫DNAのうち変異の多いものが「情報の変革」を担当し、変異が少ないものが「情報の保存」を担当すれば良い（図19）。シンプルだが、画期的なアイディアである。古澤はこれを「元本保証された多様性の創出」と称しているが、子孫の中に親の形質をよく保存したものと、親の形質から大きく離れたものを作り出す仕組みを持つことで、常に継続した生命の存続を担保しながら、変異によってできた新たな遺伝子型を次々と試すことが可能に

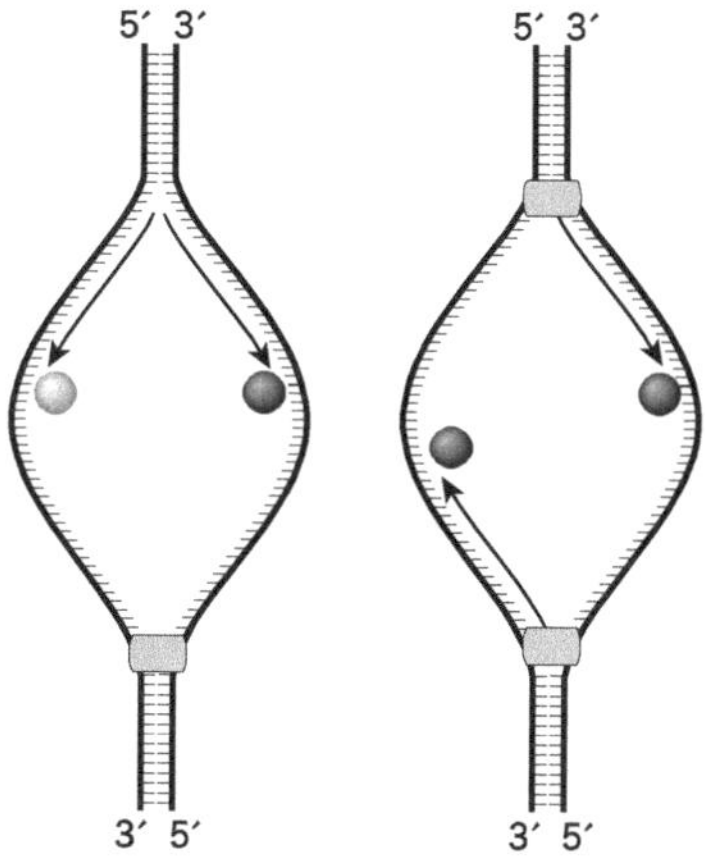

図18　対称的なＤＮＡ複製のモデル

なる。変異したものの中に親より環境に適応したものが現れれば、今度はそれを出発点としてこの過程を繰り返すことで、さらなる発展が可能となる。これはまさに元本を2倍にして、一方のみをギャンブルに使う『ふしぎなポケット』戦略である。

この不均衡進化論では、DNAの複製という生物の最も根源的な機構に、生物の持つ二つの対立する根源的な性質をうまく織り込んでいることが、実に象徴的である。DNAの2本の鎖は、その1本から「自己の保存」を担う、言うなれば「静」の子孫が、そしてもう1本からは「自己の変革」を担う「動」の子孫が生まれてくる。その2本の鎖が、しっかりと手をつなぎ、螺旋の姿で絡まり合い、私たちの細胞に収められている。

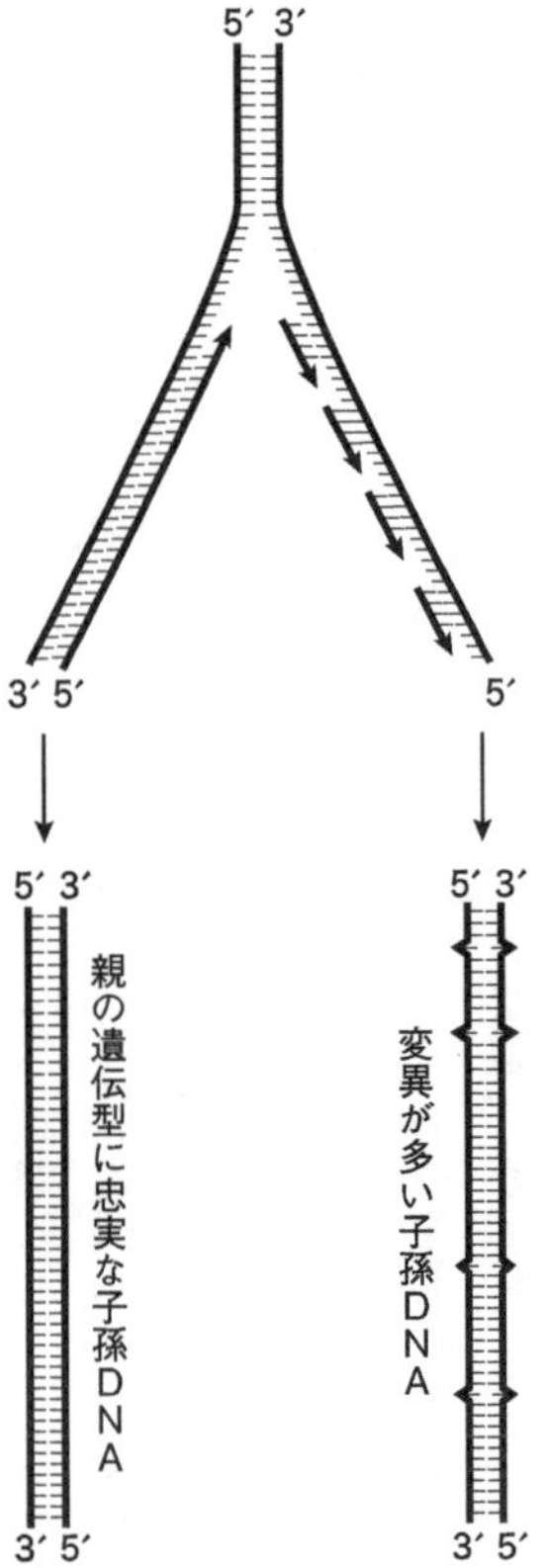

図19
不均衡進化論による「元本保証された多様性の創出」

ゲノムの倍数化と有性生殖

「情報の保存」と「情報の変革」という矛盾を解決するために生物が生み出した「元本保証された多様性の創出」という優れた戦略を支える機構は、実はここまで紹介してきたDNA複製の非対称性による不均衡な変異の創出だけではない。次に取り上げるのは、ゲノムの倍数化と有性生殖である。

ゲノムという言葉は、遺伝子「gene」と総体を意味する「ome」の合成語であり、木原均により「生物をその生物たらしめるのに必須な最小限の染色体セット」と定義された。理屈の上では、ゲノムは1セットあれば事足りるものであるし、実際1セットしか持たない生物も多いのだが、高等生物ではゲノムを2セット持つことが一般的である。たとえば、人間であれば染色体23本で1セット、つまり1ゲノムだが、実際は染色体を倍の46本保有している。このような生物を二倍体と呼び、1セットしか持たない生物を一倍体という。一倍体の場合、生存に必須の遺伝子が突然変異により機能を失うとすぐに致死となるが、二倍体では同じ遺伝子がゲノムに二つあるため、一つが突然変異を起こして機能を失っても、もう一つの遺伝子がバックアップとして作動するという安全設計になっている。これをより積極的に利用すれば、一方の遺伝子で元本を保証し、もう一方で変異を作り出し、新たな自己変革を試すことができる。高等生物の多くが二倍体となった少なくとも一つのメリットは、この元本を保証してギャンブルできる『ふしぎなポケット』戦略を可能としている点である。

このゲノムの倍数化と直接的に結びついているわけではないが、密接に関連する現象として有性生殖がある。有性生殖は、2個体の親が全ゲノムにわたってDNAの交換（シャッフリング）を行うことにより、親とは異なった遺伝子の組み合わせを持った子孫を作り出す現象であり、生物の歴史の中ではおおよそ10億年前に出現したと考えられている比較的新しい戦略である。図20には二倍体生物の有性生殖の例を挙げたが、ここで起こるゲノムのシャッフリングには、異なる二つのレベルがある。一つは染色体単位のシャッフリングであり、もう一つは染色体内の組換えである。話を単純にするために、2本の染色体を持つ二倍体の生物を例にとると、片方の親は2種類の染色体を各2本ずつ持っている。この2本は、親の両親、すなわち祖父・祖母から1本ずつ受け取った染色体であり、似ているがまったく同じものではない。有性生殖の際には、減数分裂という特別な細胞分裂を行い、ここから配偶子（卵や精子）を作るが、その名のとおり、この分裂を経ると染色体の数が減り、配偶子の中には染色体が各1本ずつとなる。これらが合体して受精卵となることにより染色体が2本に戻るが、それらはいずれの親とも違う新しい組み合わせの染色体

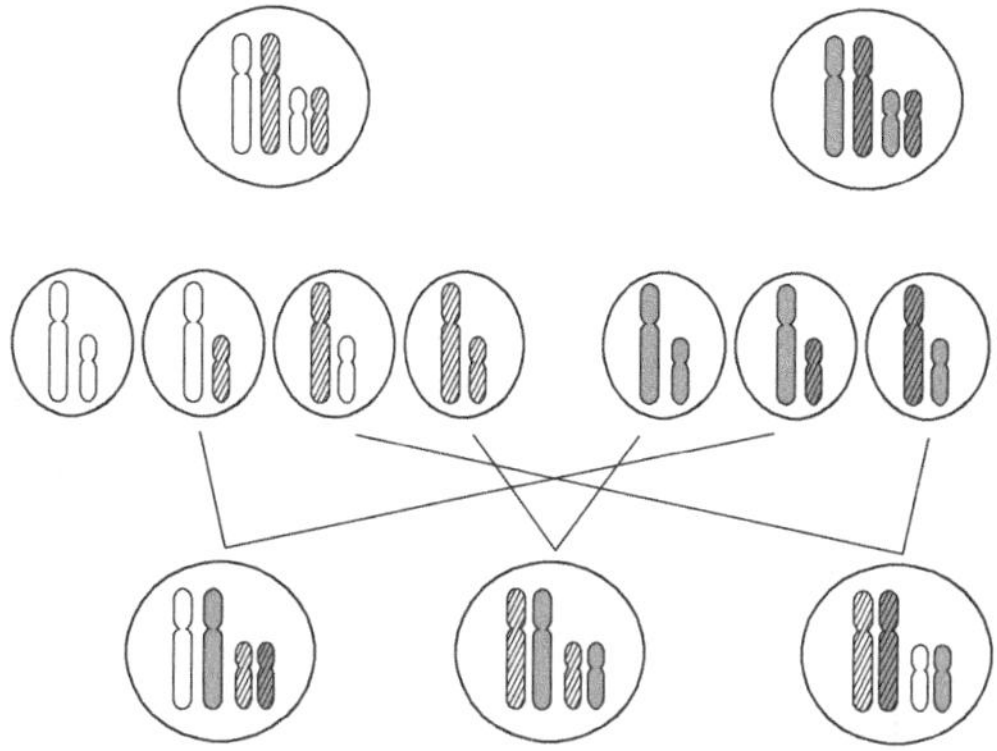

図20　二倍体生物の有性生殖における染色体分配の模式図
片親から４種類ずつの配偶子ができて、子ではそのかけ算で16種類もの組み合わせの可能性がある（図ではそのうち３種類のみを示している）

を持っている。図20に示したように、わずか2本の染色体しか持たない生物であっても配偶子には組み合わせの異なる各4種類のものがあり、受精卵ではこれを掛け合わせた16もの組み合わせができる可能性がある。

もう一つのレベルのシャッフリング機構は、染色体の乗換えもしくは交差と呼ばれ、減数分裂の際に両親の二つの染色体の間で部分的に組換えが起こることである（図21）。この染色体の乗換えは、減数分裂に伴ってほぼ例外なくどこかで起こるため、配偶子に分配される染色体は、厳密に言えば、祖父・祖母から譲り受けた染色体がそのまま行くのではなく、祖父と祖母の染色体が微妙に組み合わさったものが、孫

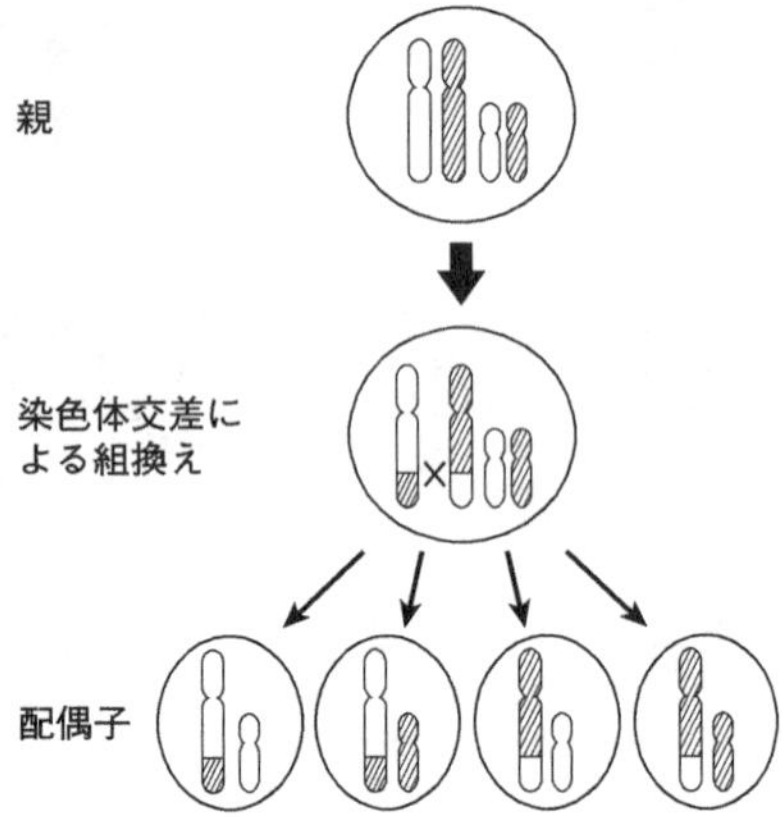

図21　交差による染色体のシャッフリングを介した多様性の創出

に伝わることになる。この減数分裂時の乗換えがどこで起こるかは、おおむねランダムであり、減数分裂のたびに新しい組み合わせの染色体を持った配偶子ができる。したがって、この染色体の乗換え機構によりどんな子供にも、それまで一つとして同じもののない新しい組み合わせの遺伝子セットが渡されることになる。これが有性生殖による二つ目のレベルのシャッフリングである。

さて、このゲノムのシャッフリングによる多様性の創出には、突然変異による多様性創出とは少し異なった特徴がある。遺伝子変異というのは、第2章で述べたが、基本的には塩基の種類の置換と長さの変化によって生じる。これらの変異は、塩基情報をアミノ酸に翻訳する際の暗号に直接変化を与えるため、良い変化を生む可能性はあるものの、その遺伝子の機能を損なってしまう可能性も大きい。ギャンブルである。たとえば塩基置換により終止コドンと呼ばれるタンパク質合成終結シグナルが生まれるような変異はナンセンス変異と呼ばれており、そこでタンパク質の合成が終わるため、多くの場合、その遺伝子の機能が失われてしまう。このような深刻な変異もある確率で生じてしまう。

これに対して、有性生殖によって生まれる多様性とは、すでに機能を持つことが分かっている遺伝子の組み合わせの豊富さによって創出される。つまり有性生殖によって生まれる多様性は、原則として遺伝子それ自体の変異によるものではなく、もともと、両方の親が持っていた違い、すなわち「既成の変異」の組み合わせを変えることによって作られる。いろんなTシャツ、いろんなスカート、いろんな靴に帽子などを、さまざまに組み合わせてコーディネートするようなイメージである。その組み合わせから「自分だけのスタイル」が生まれてくる。

大事な点はこれら「既成の変異」には違いはあれども、どれも機能を持つことがすでに確認されていることである。Tシャツであれば、Tの字に生地が裁縫されており、腕を通す穴が三つも四つも開いているようなことはない。また、この過程では組み合わせは変わるものの、基本的に親の持っていた遺伝子は子孫に受け継がれる。一部の有性生殖の場合、親の遺伝子のすべてが子供に伝わらないことはあり得るので、完全な「元本保証」とはならない例もあるが、保険をかけながら多様性を作っていくという意味では共通性があり、「情報の保存」と「情報の変革」という生物の持つ根源的な矛盾をうまく両立させている。

このように遺伝的な多様性を安全に生み出す有性生殖であるが、進化上の優位性については、必ずしもすべての科学者が認めているわけではない。というのも、単純な競争で考えると無性生殖[*25]のほうが有利である場合が、圧倒的に多いのである。たとえば、無性生殖を行う大腸菌の場合、条件が良ければ1回の分裂に要する時間はわずか20分である。単純に計算すると9時間あれば、1個の大腸菌がなんと約1億個に増える計算になる。驚くべき増殖能力である。そんな増殖速度は有性生殖には望めない。

イギリスの遺伝学者、ジョン・メイナード＝スミスは、有性生殖における〝性の2倍のコスト〟を指摘した。これは有性生殖では、一つの個体を作るのに二つの個体が必要であり、同じ数の子孫をメスが残すのであれば、一つの個体で済む無性生殖に比べて倍のコストをかけていることを指している。煎じ詰めると、オスは不要ではないかという指摘である。生物の基本は卵を作れるメスであり、オスは多くの種において、精子を提供することを除けば、種の存続に貢献していないように見える。オスがいなければ、オスを生み、育てるコストもない。また、有性生殖には精子や卵に代表される配偶子と呼ばれる特殊な細胞を作るコストが一般的に言えば必要とされるが、無性生殖にはそれもない。さらに、有性生殖では、相手を見つけるコストも必要であり、これは人間様でも、ゾウリムシでも事情はさほど変わらない。機会とお互いのタイミングが合わないとうまくいかない。時間と手間がかかるプロセスである。したがって、有性生殖による遺伝子の多様性創出は、さまざまなレベルで大きなコストがかかり、単純計算では無性生殖に及ばない。しかし、多くの高等生物が有性生殖を行っているという厳然たる事実は、それだけのコストをかけても、安定して変異を作り出せる有性生殖のほうにメリットがあるケースが進化上、存在したということだろう。

戦略の変遷

ここまで紹介してきた「カオスの縁」、「不均衡進化」、「ゲノム倍数化」そして「有性生殖」はいずれも生物の持つ根源的な矛盾である「情報の保存」と「情報の変革」を両立させるために生物が用いてきた戦略であろう。この項では、これらの戦略が生物進化の歴史の中でどのように用いられてきたのか、推測の域を出ないが、少し考えてみたい。

まず、生物の歴史について、現在最も広く受け入れられているシナリオを簡単に紹介すると、「生命の誕生」については、「化学進化説」が有力と考えられている。化学進化説はロシアの植物学者オパーリンが1924年に出版した『生命の起源』の中で提唱した仮説であり、原始地球の構成物質である多くの無機物から有機物が生成して、それが自己複製能を持つように変化し、生命が誕生したとする考え方である。この仮説はその約30年後の1953年に行われた有名な「ユーリー・ミラーの実験」によって強力にサポートされることになる。彼らは、フラスコの中に、当時原始地球に存在したと考えられていたアンモニア、メタン、水素、水を入れ、その中で稲妻を模倣した放電を繰り返すことにより、20種あるアミノ酸のうちの7種を生成させることに成功した。これは生命の起源に対する示唆という意味でも、無機物から有機物ができることを立証したという意味でも衝撃的なものだった。

この「ユーリー・ミラーの実験」で用いられた還元的な原始地球の大気モデルについては、その後の地球科学に基づく知見から、必ずしも適切でなかったという指摘がされているが、局所的にはそういった還元的な環境も生じ得るという反論も出ている。生命が生まれた環境やその時の地球の状態を正確に推理することは至難の業であり、最も大切なことは、条件次第では無機物から有機物が自然条件下で生成し得ることを示した点である。現在の化学進化説では、特に海底の熱水噴出孔が生命の起源となった場所ではないかと注目を集めている。熱水噴出孔付近には豊富な熱、還元的なガスの供給、化学反応を触媒する金属イオンの存在、また極端な温度勾配など、有機物の生成に必要な化学反応を促進する条件が揃っており、ここでできた簡単なアミノ酸や糖類などがモンモリロナイト[*26]のような粘土鉱物やパイライト[*27]のような鉄硫化鉱物表面で重合していったというようなモデルが最も広く受け入れられている。いくつかの最古級の生物化石が、海底の地層から発見されていることもこの説をサポートしている。

この「化学進化時代」の次に来ると考えられているのが、カール・ウーズやレスリー・オーゲルらが提唱した「RNAワールド」（ウォルター・ギルバートが後に命名した）である。ウイルスを除く現存の生物では、遺伝情報を担う物質としてDNAが用いられているが、生命発生の初期には「塩基の並び」という情報は化学進化の結果できたRNAが担い、RNAのみの自己複製系が最初に確立されたとする仮説である。DNA時代の前にRNAワールドがあったと考えられている理由はいくつかあるが、最大のものは、RNAという分子が情報を担う物質というだけではなく、機能分子として働くという二面性を持ち得るからである。DNAは簡単に自己のコピーを作れる構造を持つとはいっても、たとえば現在の複製機構には、主要な因子だけでもヘリカーゼ、トポイソメラーゼ[*28]、プライマーゼ[*29]、DNAポリメラーゼ[*30]、DNAリガーゼ[*31]などのさまざまな酵素、すなわちタンパク質が必要とされる。一方、これらタンパク質を作るためには、DNA上の情報が必要である。さて、いったい、どっちが先にあったか？　有名なニワトリと卵のパラドックスに陥り容易に答えが出ない。

しかし、RNAには酵素のように化学反応を触媒する機能を持つものがあり、それらは酵素を意味するエンザイムとRNAの合成語であるリボザイムと呼ばれている。つまりRNAには情報を保存する能力と機能分子として働く能力の共存が可能であり、原理的にはDNAもタンパク質も必要とせずに、自己の複製を行える可能性がある。実際RNA合成活性のあるリボザイムが1996年にデヴィッド・バーテルらによって人工的に作成されており、2011年に発表されたフィリップ・ホリガーらによる改良版では、RNA分解活性を持つ別分子のリボザイムを合成する能力まで有することが示された。ごく小規模ではあるが、「RNAワールド」の一部が構築されたと言って良いだろう。また、このほかにもRNAどうしを結合するRNAリガーゼ[*32]やRNAにアミノ酸を結合するアミノアシルトランスフェラーゼ活性などを持ったリボザイムなども作出されており、生命活動にとって原始的な基盤となる化学反応の多くがRNAのみで触媒可能であることが示唆されている。この当時、RNAが担っていた遺伝情報と化学触媒という二つの機能が、それぞれ遺伝情報はDNAへ、機能分子はタンパク質へと、より性質が適した物質へと引き継がれ

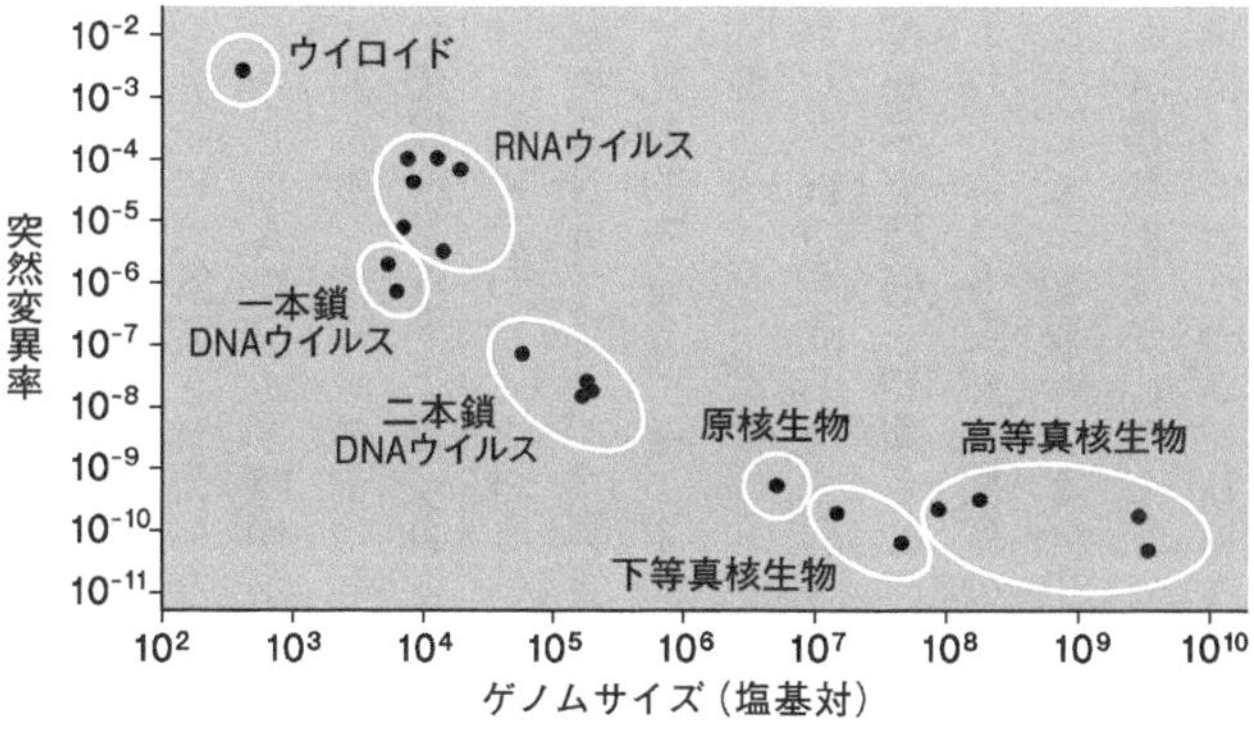

図22　さまざまな核酸をゲノムとして持つ生物・ウイルス（ウイロイドを含む）における遺伝子変異率　原図はGago et al.2009 *Science*:323より引用

て、現存の生物が用いているＤＮＡ－タンパク質システムが作り上げられたと考えるのが、現在の有力な仮説である。

この進化の歴史の中で生物が用いてきた戦略を示唆する一つのデータが図22に示されている。これはさまざまな生物やウイルスにおける遺伝子の変異頻度とゲノムサイズの関係を示したものだが、一般的に言ってゲノムサイズが大きくなると変異率が小さくなる傾向があることが分かる。この中で極端に変異率が高いグループがあるが、これはウイロイド（viroid）と呼ばれる植物病原体である。ウイロイドはゲノムがわずか２５０～４００塩基程度の裸のＲＮＡ分子であり、宿主植物の中で増殖し病気を起こすというウイルスと似た生物的な性質を示すが、ウイルスのように核酸を保護するための外被タンパク質がなく、粒子を形成しないことを特徴としている。驚くべきことに、ウイロイドはそのＲＮＡにタンパク質を作る遺伝子をいっさいコードせず、したがってその増殖様式も完全には解明されていない。このため一説にはウイロイドをタンパク質もＤＮＡもなかったＲＮＡワールド時代からの「生きる化石」と呼ぶ研究者もいる。その真偽のほどは別にしても、ウイロイドは同じＲＮＡを介して増殖するＲＮＡウイルスよりも明らかに塩基の変異率が高く、タンパク質をコードするという配列上の制約がないため、より「カオス」側に近づけるという性質を有しているのだろう。すなわちＲＮＡワールド時代は、現行のＤＮＡ－タンパク質システムと比較するとより広い「カオスの縁」を持ち、そのことで比較的安定してその中に留まれていたのかもしれない。

ＤＮＡ－タンパク質システムに移行した後は、ゲノム全体における高い突然変異率はタンパク質の機能不全を引き起こす危険性があり、複製酵素の忠実性向上や変異に対する高度な修復機構を発達させ、変異率を劇的に下げる方向へと進化したのだろう。このシステム移行に伴う突然変異率の低下は進化の推進力不足を必然的に招くが、それに対抗する手段として、変異の少ない子孫ＤＮＡと変異の多い子孫ＤＮＡを偏って作り出す不均衡なＤＮＡ複製機構が出現したと推測される。ただ現状では、最初の細胞性生物がＲＮＡゲノムを持っていたのか、ＤＮＡゲノムを持っていたのかにも議論があり、その正確な出現のタイミングはまったく不明である。生命進化のどの時点でどのようにしてRNAゲノムからDNAゲノムへの転換が起こったのか、その道筋の解明とともに不均衡進化機構出現の謎も明らかとなっていくことを期待したい。

さらに進化が進み、次はゲノムの倍数化と有性生殖である。これらの機構は生物ゲノムの複雑化とともに出現し、さらなる高度化を可能とした基盤になっているように思える。進化の過程で一群の生物、特に動物や植物は高度に多細胞化し、それに応じてゲノムも巨大化して、生体として複雑なシステムを構築していくことになる。単純な計算であるが、遺伝子の突然変異率が同じであれば、ゲノムが大きくなれば、大きくなっただけ、そのどこかに変異の起こる確率も比例して大きくなる。もし、システムのどの部分も同様に大切だと仮定すれば、致死的な変異の確率もゲノムの増加とともに大きくなることになる。このゲノムの増大とともに増す、致死的な突然変異率を下げるためには、全体の変異率をそれに応じて下げる必要があり、図22のデータにおいてもそういった傾向は見てとれる。しかし、これは、ゲノムの増大とともに、遺伝子の多様性の低下をもたらし、環境への適応度を下げることにつながってしまう。

ゲノムの倍数化と有性生殖の少なくとも一つの意義は、こういったゲノムの増大、システムの複雑化に伴う致死性突然変異の増加に対抗することである。すなわちゲノムの倍化は、遺伝子コピーを複数持つことで、ある程度の突然変異率を維持しても、致死性が生じないような安全装置として機能しているのだろう。また、有性生殖による全ゲノムのシャッフリングは、組み合わせによる多様性の創出であり、それ自体には遺伝子の突然変異を必要としないため、例外的なものを除けば致死性は生じない。また、この多様性はゲノムが大きくなれば大きくなるほど、シャッフリングによる組み合わせの数も増大するため、より有効に機能することが期待される。

これまで述べてきたように生命の存在を可能とするためには、情報の保存と変革という二つのベクトルの異なる力をうまく両立させる機構を持つ必要があるが、生物はその長い進化の歴史の中で単一の機構により、それを常に可能としてきたとは、私には思えない。生物の生体システムとしての複雑さの進展に応じて、その目的を達するために適した機構も変化していくはずであり、この章で紹介したようなさまざまな機構が関与してきたと考えるほうが自然であろう。ここに書かれたシナリオが唯一のものとは思わないが、大切なことは、どのような機構がいつ使われたのかということよりも、刻一刻と変化する環境の中で、情報の保存と変革を同時に可能とする情報システムというものを、生物はあらゆる手段を使って守り続けてきたということだろう。

コンピューターのシミュレーションによれば、マーチンゲール法などのあらゆるベット法を駆使したとしても、それを何万回、何億回と繰り返すと、ごく稀に起こる「不運」によって、多くの場合、いずれも破産の運命を免れ得ないという。だから、生物は決して運を天に任せるような「サイコロ勝負」はしてこなかった。賭けには参加しても、博打打ちとしては「アンフェア」とも言える「元本保証」の安全装置を併用した戦略をとり続けることで、今まで生き残ってきたのだろう。このような一部を「今」の継続に使い、残りを「未来」への投資へと使うような性質が、安定した進化とともに、結果として進化程度の異なるさまざまな生物をこの地球上で共存させることにつながっているのではないだろうか。そしてそのことが「生命」全体のさらなるロバストネス（強靭性）につながっている。たとえば人間が核戦争により地上の生物をすべて死滅させるようなことを仮に起こしたとしても、深い海底の熱水噴出孔では、まだ古細菌のような生き物が脈々と生きており、進化はまたそこからやり直せる。そんな安全装置として機能しているのかもしれない。常に元本を残し続ける不敗の戦略。そんな不均衡な進化が、「生命」という現象のロバストネスの源となっている。

注釈

＊22 **ヘリカーゼ**　DNAの二本鎖間で対合している塩基の水素結合を切断し、二重螺旋構造をほぐして、一本鎖のDNAにしていく酵素。DNAに働くものをDNAヘリカーゼ、RNAの二次構造における対合などを切断していくものをRNAヘリカーゼと呼ぶ。

＊23 真核生物の場合は100～200塩基程度、大腸菌などの真正細菌では1000～2000塩基程度の長さである。

＊24 **プラスミド**　細胞質に存在し、核（核様体を含む）のDNAとは独立して自律的に複製する遺伝因子。

＊25 **無性生殖**　生殖の方法のひとつで、一つの個体が単独で新しい個体を形成する方法。代表的な例として、細胞の二分裂が挙げられるが、これ以外にも出芽、胞子、遊走子や栄養体による新たな個体形成などがこの区分に含まれる。

＊26 **モンモリロナイト**　ケイ酸塩鉱物の一種で、粘土を構成する粘土鉱物に属する。単位層の厚さが約10Å（1nm）というきわめて薄い板状の層を形成し、大きな表面積を持つことを特徴とする。層表面における水素結合、層間における静電気的結合などで、特に極性分子に対して高い吸着能を示す。

＊27 **パイライト**　黄鉄鉱と呼ばれ、鉄と硫黄からなり、化学組成はFeS_2で表される。硫化水素と硫化鉄が反応してパイライトができる際に発せられるエネルギーを利用して原始生命ができたとする「パイライト仮説」がヴェヒタースホイザーによって1988年に提唱されている。

＊28 **トポイソメラーゼ**　DNAの立体構造を変化させ調節する酵素。核に局在しており、DNAをいったん切断してねじれをほどき、つなぎ直すなどの働きを持つ。

＊29 **プライマーゼ**　DNAの複製において必要なRNAプライマーを合成する酵素。ラギング鎖の合成では、短いDNA（岡崎フラグメント）を合成して、それをつなげる反応が起こるが、岡崎フラグメントの合成には、プライマーとなる短いRNA鎖が必要であり、それを合成する機能を持つ。

＊30 **DNAポリメラーゼ**　一本鎖の核酸を鋳型として、それに相補的な塩基配列を持つDNA鎖を合成する酵素の総称。DNAを鋳型とする酵素を意味することが多いが、広義にはRNAを鋳型とする逆転写酵素などを含む。

＊31 **DNAリガーゼ**　DNA鎖の末端同士を連結する反応を触媒する酵素。DNA鎖の3´末端と5´末端をリン酸ジエステル結合で連結する。生体内ではDNAの複製、修復あるいは組換えなどに関与している。

＊32 **RNAリガーゼ**　RNA鎖の末端同士を連結する反応を触媒する酵素。一本鎖の核酸を基質とし、その3´末端と5´末端をリン酸ジエステル結合で連結する。一本鎖のDNAも基質とすることが知られている。

第4章

幸運を蓄積する「生命」という情報システム

1／*f*のゆらぎ

旅が好きである。お金のなかった学生時代は、よく夜汽車や夜行バスを利用した。夜汽車や夜行バスでは眠れないという人の話も時折聞くが、私の場合は夜汽車の「ガタン、ガタン」というレールの音や高速道路の舗装の継ぎ目で起こる「タタン、タタン」というタイヤの音が、心地良い眠りを誘った。この規則的な音が途切れる、夜中の停車駅や高速バスの休憩所では、自然に目が覚めることがしばしばであり、あのリズムが子守唄のように聞こえていたのだろう。

小川のせせらぎ、風のそよぎ、波の音。そして人の鼓動。このような自然界にあるリズムには、共通した特徴があることが知られている。それは、これらがどれも基本的には規則正しいリズムを持ちながら、その中に時折不規則なリズムが現れ、その両者が混在して全体のリズムを構成していることである。夜汽車で聞こえるレールの音も、それと共通したリズムを持っていると言われている。「例外」を内包する規則性が生むパターン。これが「1／*f*のゆらぎ」と呼ばれるリズムである。

「1／*f*のゆらぎ」は、音声だけではなく、星の瞬(またた)きや蛍の光、また木の年輪や長期にわたる気温変動のパターンなど、自然界に存在する驚くほど多くの現象に内包されていることとが知られている。規則正しいリズムをルールとするなら、例外的な不規則なリズムは、ある種、邪魔なノイズである。しかし、そのノイズが存在することで、より大きな全体に調和が生まれている。単調な繰り返しには、疲れや嫌悪感を覚えやすい人間も、そのようなゆらぎのリズムには安らぎを覚えるという。赤ちゃんが母親の胸でぐっすりと眠るのは、母親の心臓の鼓動が「1／fのゆらぎ」を持っているからだという説もある。私たち人間が抱かれる自然界が持つこの不思議なリズムはいったい、どこから来ているのだろうか？

エラーと偶発性

生命の根源的な特徴の一つである「情報の変革」、すなわち遺伝子変異の多くは、規則正しいDNA複製の間に時折起こる紫外線や放射線などによる散発的な損傷や、DNA複製酵素や修復酵素などのエラーが原因となっている。このほかにも「ゲノムの寄生者」と呼ばれるトランスポゾン[*33]など（第6章参照）が偶発的にゲノム上での存在位置を変えることやゲノムの一部が組換えを起こすといったことによっても遺伝的な変異が生じることが知られている。いずれにせよ、これらの変異は何かの目的があって起こるものではなく、単に偶発的な事象と考えられている。

「偶発的なエラー」というものは、多くの場合、それが関与する事象の効率低下につながり、甚だしい場合には、システム全体の停止を引き起こす。したがって、好ましくないものと一般的には捉えられているが、生命という情報システムは、その長い歴史を通じて、そのゆらぎ、すなわちエラーを重要な構成要素として内包し続けたように見える。

生物の進化が方向性を持ったものなのか、それともあくまで偶然に依拠したものなのか、というのは、チャールズ・ダーウィンとジャン＝バティスト・ラマルク以来の進化学上の大きな議論であり、現代においても「獲得形質の遺伝」という定向進化的なラマルク説の復権を提唱している学者も少なくない。一方、進化の「中立説」を提唱した木村資生（もとお）は、生物集団の中に現れる遺伝子の変異は、大部分が生存に有利でも不利でもない「中立」なものであるとした。生物の進化自体も、その多くが適者生存による淘汰で起こるのではなく、遺伝的浮動と呼ばれる単なる「偶然」によって起こることを提唱している。また、スティーヴン・J・グールドは、主著である『ワンダフル・ライフ』などで生物進化における「歴史の偶発性」を強調した。それは、生物における遺伝子変異が前述したような偶発的なエラーに起因していることを指しているだけではなく、生物種の「淘汰」の過程においても隕石の衝突のような巨大な偶発的イベントやささいな偶然による事象が絶滅を引き起こし、「最もよく適応した者が生き延びたのでなく、最も幸運な者が生き延びた」

と述べている。筆者は、これらの生物進化史観に全面的に与するものではないが、何が起こるか予測できない偶発的な外的環境の変化に対応するためには、生物側も偶然に依拠したエラーにより明確な目的のない多種多様な変異を作り出しておくという戦略が、生き残りのために実は最も効果的であったのかもしれないとは思う。

皆が一方向を向いた方向性のある変異は、その変化が「裏目」に出た際に全滅の危険に晒されてしまう。一方、方向性のない偶然に任せた新情報の創出は、一見、非効率な「無駄」を多く含むことにはなるが、その多くの屍をふみ越えて、その向こうへと進んでいく者たちも、また少数ながら生み出す可能性を高くする。それは「一か八かのギャンブルをしない」という生命の一貫した戦略の一部のように思え、結果としてその着実な発展を助けたのではないだろうか。つまり生命は、エラーによって生じる日常的な小さな効率の悪さには目をつむり、いつの日かエラーが有効に働く環境を待つ、あるいは劇的に有用な「エラー」が現れる「幸運」を待つという戦略をとったのだろう。

情報の蓄積を生むサイクル

生物の進化の源である変異がエラーなどの偶発的な要因によって生じるとするなら、そのほとんどは改善よりも改悪、あるいは良くて中立的なものであろう。生物進化の特性である、より複雑化し、より環境に適応するような「改善」的な進化が、そんなエラーによる変異からどうして効率的に生み出されてくるのだろうか？　本章の冒頭で述べた規則的なリズムと不規則なリズムというものが、生物の持つ二つのベクトルである情報の保存と変革をそれぞれ隠喩したものであることは言うまでもないが、たとえば、小川のせせらぎの中で、突発的に生じた「良い音」（なんらかの一定の傾向を持った音の一例としてここでは「良い音」と表記する）が時間とともに蓄積されていき、小川のせせらぎがさらに心地いい「良い音」の集合へと変わっていくというようなことはあり得ない。しかし、生命進化では、そのようなことが起こるのである。

これを可能にしている生命の「からくり」がいわゆる「ダーウィン進化」であり、本書の言葉で置き換えてより拡張した形で言うなら、情報の保存と変革ベクトルが繰り返し作用することにより、有用情報が蓄積されていくサイクル、ということになる。このサイクルの要約を図23に示したが、「前提となる記録情報」→「変異による情報バリエーションの創出」→「保存作用によるバリエーションの評価」→「新たな記録情報の誕生」という図式となっている。

このサイクルについて、もう少し具体的に説明しよう。たとえば、化学進化の初期にDNA（初期においてはRNA、もしくはより原始的なTNAやPNAのようなものであった可能性のほ

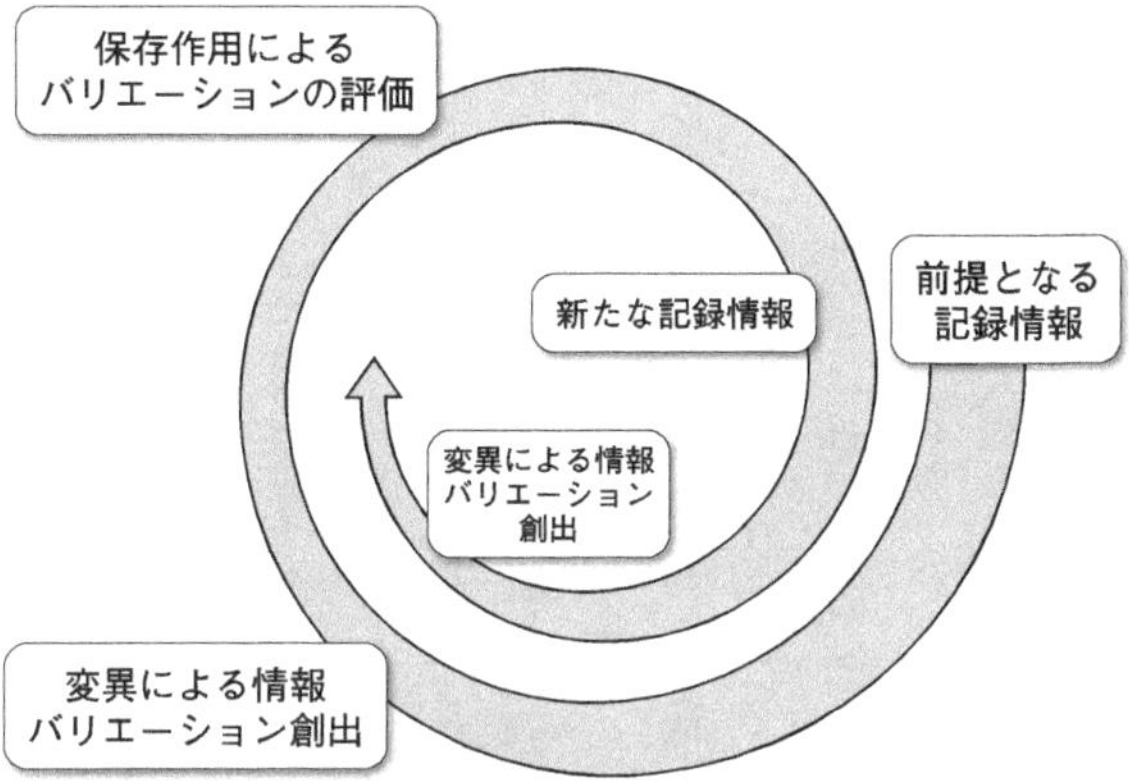

図23　生命における有用情報の蓄積サイクル

うが高いが）がなんらかの形で自己のパターンを複製できる状態にまで達していたと仮定する。それがどのような形で、何の情報を持っていたのかは、さほど重要な問題ではない。そこに「情報の変革」が起こる。すなわち複製過程のエラーや偶発的な損傷といった「ゆらぎ」により変異を持ったＤＮＡ分子が生まれてくる。次にこの変異したＤＮＡがなんらかの形で「評価」されることになるが、これが環境との相互作用による「淘汰」と言われる現象である。実はこの「淘汰」は、「情報の保存」過程における、情報の安定度の差による選抜と言い換えることができる概念である。第2章で述べたがＤＮＡの情報保存戦略は、個々の媒体の寿命は短くともコピーを次々と作り出すことで情報の継続的な維持を可能にするというものである。したがって、ある環境下で、他より優先的に複製（コピー）される、あるいは逆に複製される前（子孫コピーを作る前）に遺失（死亡）してしまうなどの性質の差が、情報としての安定度の差となり、どんな情報が保存されるかという結果に反映されることになる。

「淘汰」というと、適者生存による生物個体間の競争というイメージが強いが、実は単なる物質（ここでは核酸分子など）であっても、なんらかの形で複製が可能な環境があれば、その環境における増幅効率の差による「淘汰」が起こり得る。生物個体の適者生存を通して働く「淘汰」はその延長線上にある現象であり、より複雑な環境変化に対する情報安定度の差異を提示できる仕組みに過ぎない。本質的にはコピーを作ることで自己情報を保存していくという「情報の保存」の戦略に「淘汰」の根源はあり、その情報の複製過程に「ゆらぎ」、すなわち「情報の変革」が作用することでコピー間の差異が生じて「淘汰」が顕在化し、機能するものとなっている。したがって「淘汰」は、「情報の保存」と「情報の変革」という一見、逆方向に見えるベクトルの見事な融合によって具現化しているのだ。本書では、このサイクルが、あたかも「心臓の鼓動」のように、化学進化から細胞生物進化を通して人間の誕生にまで至る「生命の歴史」を通じて休むことなく繰り返され、生命進化を牽引してきたのではないか、つまりこの「鼓動」が生まれた時こそが生命の誕生ではないかと考えている。

この情報蓄積のサイクルのエッセンスを平易な言葉で言うなら、トライアンドエラーを繰り返し、成功経験を蓄積する、ということになるが、ここで大切なことはＤＮＡを代表とする核酸は、序章や第2章で述べたような分子構造の特徴からこの情報の保存と変革のサイクルを容易に展開できるようになっており、潜在的に「成功経験を蓄積する」性質を持っているという点である。つまり知性を持った人間や動物などのみが行う行為と考えられている「試行錯誤による成功経験の蓄積」という行為と同等のことを行える能力が、複製が可能な環境さえ与えられれば、核酸には「自動的に」付与され得るのである。この「からくり」により、おそらくただの物質に過ぎなかった「生命の素」は、自らの持つ情報をより安定的に保持できるよう、徐々に「成功体験を蓄積」して複雑化していき、結果として、現在のような細胞生物へと進化することが可能になったのではないだろうか。

この過程で何度も何度も起こるエラーによる「情報の変革」が、たとえ無方向なものであったとしても、たまたま現れた情報が有用なものであった場合には、それを逃さず捉えて保存し、次の土台、すなわち次世代における「必然」へと自動的に変換し蓄積していく。このことがエラーを新たな情報源とするという戦略の非効率さを補っている。それはあたかも無数の「偶然」から、数少ない「幸運」を選び出しては、それを次々と自動的に蓄積していく自動機械のようである。無数の「偶然」から、「幸運」を選んでは、自動的に蓄積するシステム。そして、それを途方もない時間、延々と繰り返し続けるシステム。そんな魔法のような情報システムが発展しないはずはない。そして、これこそが太古から現在まで脈々と受け継がれ、地球上のあらゆる環境に適応し、次々と姿を変えゆく「生命」という現象を可能としたからくりの心臓部であろう。

そして「生命」とは何か

本書では、ここまで「生命」の持つ情報に着目し、「生命」を主に情報システムと捉えて論じてきた。「生命」にとって、それを支える情報システムの構造が重要であることは確かだろうが、それだけで「生命」を論じることに対してどこか違和感が残るのもまた事実である。その違和感は私たちがいわゆる「生命」と言った時にイメージするものとの乖離に起因している。しかし、改めて考えてみると、我々が「生命」に対して持っているイメージというのも、実はまたずいぶんと曖昧なものである。第1章で紹介したブフネラやミトコンドリアやミミウイルスといった存在の「生命」としての曖昧さも、多くはそれに起因する。最初に掲げた「生命とは何だろう」という本書の命題に立ち戻るためにも、そのことを少し整理してみようと思う。

まず、人の陥りやすい錯覚の一つに、「生きている」ということを安易に「人間の生死」

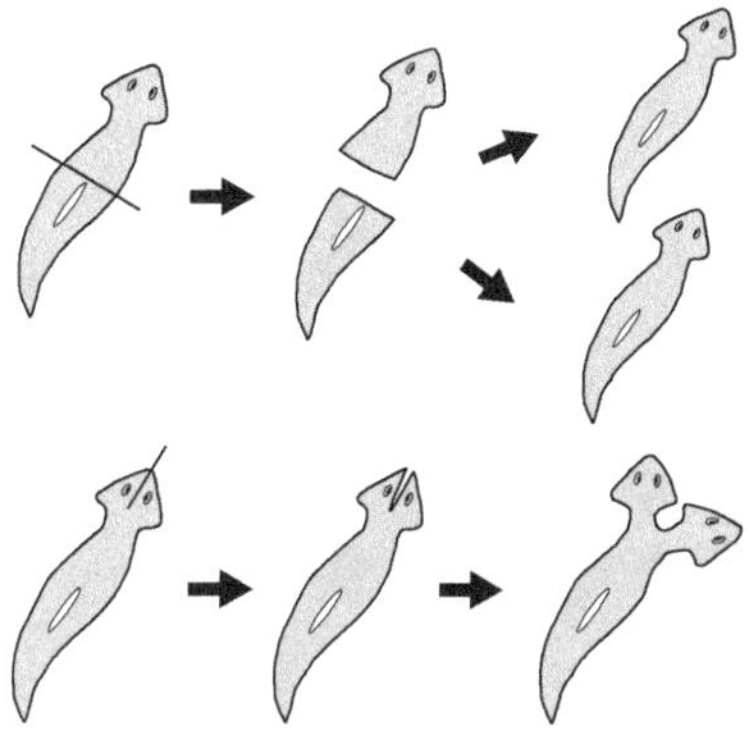

図24　プラナリアの再生実験の模式図

のイメージと結びつけてしまうことがある。
我々、人間にとっては、近しい人の生死は重大な問題であるし、生死と言った時に、そういった個体としての人が生きている、死んでいる、というイメージからの発想を持ちやすい。しかし、高等多細胞生物であり個体が容易に判別できる人間の生死と、ほかの多くの生物の生死を考えた場合、そこにはある種の看過できない違いが存在している。

最も単純化してこの問題を提示するために、高校の教科書にもよく登場するプラナリアという生物を例に考えてみたい（図24）。プラナリアは、川や池などの淡水に棲む体長1㎝ほどの扁形動物だが、その最大の特徴は非常に高い再生能力を持つことで、体をいくつかに切っても、それぞれの断片が1週間ほどで再生し、完全な個体になる。古い論文では、1匹を279個の断片に切っても再生したという報告がある。たとえば1匹のプラナリアを半分に切って2匹のプラナリアが再生したとする。さて、この場合、もともとのプラナリア個体はどこへ行ったのだろうか？　再生したプラナリアの2匹は、遺伝的にクローンなので、新しいプラナリアの両方が元のプラナリア個体と同一と考えて良いのだろうか？　それとも二つに切られた時点で、新しいプラナリア個体が2匹誕生したのだろうか？　あるいは頭の側から再生したプラナリアが元のプラナリア個体で、しっぽから再生したプラナリアは新しい個体なのだろうか？　それでは頭を二つに切った場合、頭が二つあるプラナリア個体が再生するが、この場合、どう解釈するのだろう？　そしてさて、現れた2匹のプラナリアの片側が死んだ場合、もともとのプラナリアは死んだのか？　それともまだ生きているのだろうか？

現在受け入れられている一般的な考え方で言えば、こういった「DNA情報」が同一なコピー細胞（クローン）を作り増殖する生物の場合、一部分の細胞が死んでも、それは我々の体で一部の表皮細胞などが日々、死んでいくようなものと解釈され、個体の「死」とは考えられていない。したがって、部分からの再生や二分裂を繰り返すプラナリアは「不死身の生物」とも呼ばれている。しかし、これがたとえば人間の一卵性双生児であればどうだろう。一卵性双生児の場合、母体の子宮内ではかつて一つの細胞であったものが、二分裂して二つの細胞になった時点で、別々の個体として発生を開始し、二人の人間となっている。遺伝的にはクローンであると言って良く、その意味では二つに分かれたプラナリアと明確に線を引くのは難しい。しかし、人間の場合、遺伝的にクローンであるからといって、双子の一方が亡くなっても、その人がまだ生きているとは考えられない。この違いは何が原因なのだろうか？ これは単に人間にとって人間は特別に大切だから、というような心情的なものだけなのだろうか。

そうではない。かつてカール・セーガンは1978年に出版された名著『エデンの恐竜』の中で、人間における情報をDNAによる「遺伝情報」と脳細胞のネットワークからなる「脳情報」に区分できるとしたが、実は人間の「生」においては、子孫に受け継がれる「DNA情報」だけが重要なのではなく、脳細胞のシナプスの連結パターンのような「脳情報」が個体の認識の上で非常に重要な位置を占めている。たとえばアインシュタインやニュートンのようなこの世界の秘密を解き明かすような偉大な知性や、人間国宝のようにその人にしかできない「芸」のようなものが、ある意味、脳情報として存在しているし、また近しい人と一緒に共有した記憶やその人特有の感情表現のような脳情報に由来するものが、人にとっては、この上なく大切なのである。このヒト（一部の高等動物も含む）における「脳情報」の比重の大きさが、ヒトの死をほかの生物の死とは、少し次元の違うものにしている。たとえ「DNA情報」としては同一のクローンであったとしても、「脳情報」がその上位に発生した二次的なアイデンティティー（自己同一性）として強固に存在しており、個体というものが「DNA情報」よりもむしろ「脳情報」によって認識される。単細胞生物に「意識」というものがあるのかよく分からないが、少なくとも人間には個々の細胞から独立した「多細胞生物としての一つの意識」が、おそらく「脳情報」に依拠して生まれており、それが「個体」を規定している。だから、たとえばヘンリエッタ・ラックスの子宮頸がんから培養細胞として単離されたヒーラ細胞が現在も培養され、今後も培養され続け、彼女の「DNA情報」が保持され続けるとしても、それでヘンリエッタが現在も生きているとは、誰も思わない（現在のヒーラ細胞のDNA情報が、ヘンリエッタのものとまったく同一かという問題はここでは問わない）。一方、この「脳情報」の情報量が少ない、あるいは皆無と想定される生物の場合、DNA情報が同じであれば各個体の区別は難しくなる。

実際、脊椎動物のような高等動物を除けば「個体」の概念は、実はきわめて曖昧である。上述したように単細胞生物の個体の単位が一つの細胞なのか、同じ「DNA情報」を持つ細胞集団全体（コロニー）なのか、考え方によって両方成立する。地下茎などで増殖する植物の場合も、外見上別々に生えている地上部を個体とするのか、地下茎でつながっているものは、すべて同一個体とすべきなのだろうか？　地上部を切り取って挿し木をすれば、簡単に根を出す植物も多く、その場合、いつから別個体になったのか？　といった問題もある。また、粘菌などの場合は、状況がより複雑である。たとえば細胞性粘菌のキイロタマホコリカビは通常、変形体と呼ばれるアメーバ状の単細胞生物として生活している。この場合、個体の単位は単細胞と考えられるが、これが飢餓状態になると、10万を超える多数の単細胞変形体が集合し、ナメクジのような多細胞体（移動体）となる（図25）。この移動体は、あたかも一つの意思を持った「個体」のように振る舞い、光に向かって移動し、地表に出たところで子実体を作り、胞子を形成する。移動体を機械的にバラバラにすれば、また単細胞のアメーバとして生活することが可能である。この不思議な合体・離散を繰り返す粘菌の「個体」とはいったい何なのか、判然としない。

植物や糸状菌などの中には、キメラ[*34]やヘテロカリオン[*35]といった、また違った意味で個体の概念をややこしくさせる存在がある。その極端な例が菌根菌である。菌根菌は、以前に紹介した根粒菌のように植物の根に共生している糸状菌で、生態的には宿主植物から炭水化物を受け取り、宿主にリン酸や水などを供給している存在だ。この菌根菌の一種であるアーバスキュラー菌根菌は、細胞の区切りがない一続きの菌糸の中に「DNA情報」の異なる複数の核が共存するヘテロカリオンという状態にあることが知られている。平たく言

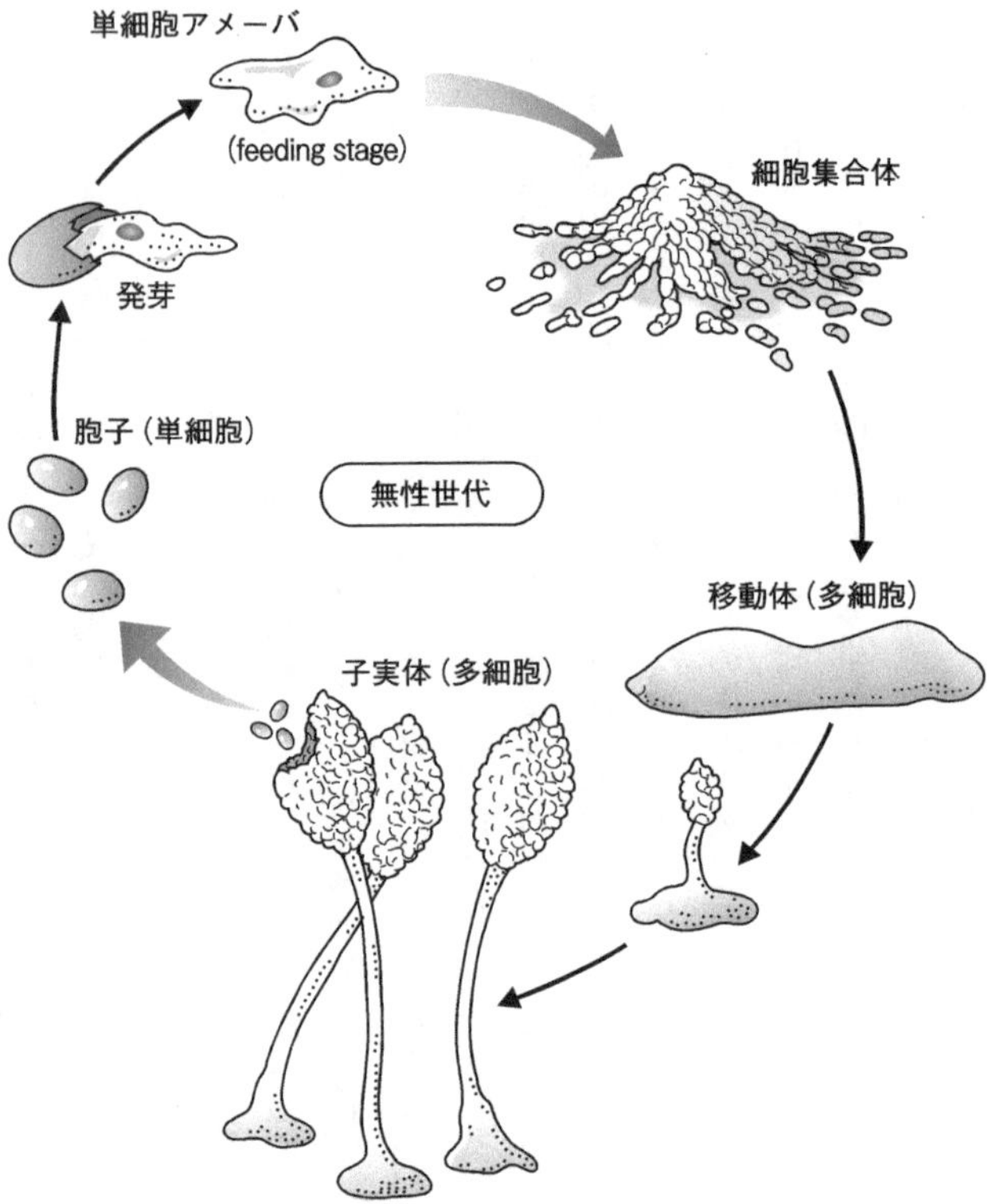

図25　細胞性粘菌キイロタマホコリカビ（*Dictyostelium discoideum*）の生活環（無性世代）
胞子が発芽すると単細胞のアメーバとなるが、生育条件が悪くなると集合し多細胞の移動体を形成する。移動体は光へ向かって移動し、そこで子実体を作り多数の胞子を産生する

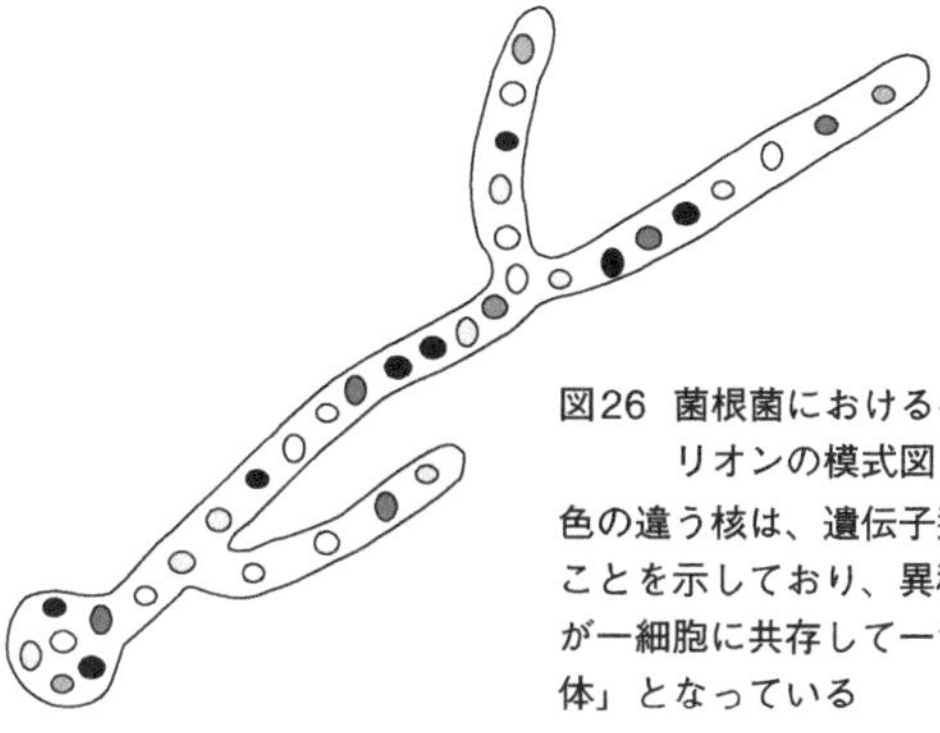

図26　菌根菌におけるヘテロカリオンの模式図
色の違う核は、遺伝子型が違うことを示しており、異種の多核が一細胞に共存して一つの「個体」となっている

えば、菌糸状の巨大な一細胞にたくさんの遺伝情報の異なった核が共存しているというイメージである（図26）。イアン・サンダーズらは、菌根菌のＰＬＳ１という遺伝子の配列を調べたところ、13もの異なった遺伝子型が一つの菌系から検出されたことを『ネイチャー』誌に報告している。つまり一つながりの菌糸にそれだけの異なったセットの「ＤＮＡ情報」が共存していると推定されたのだ。「ＤＮＡ情報」を生物の個体に固有なものと考えた場合、13個体が一細胞に過ぎない一つながりの菌糸の中で混じり合っていることになる。一般的な生物の姿からすると、あまりに異形である。

ここまで述べてきたようなことを考えると、人間にとっては個体が何か、また個体で発達蓄積した特有の脳情報の喪失という「二次的な死」が非常に大きな意味を持つが、それは脳情報が極端に発達した人間（あるいはそれに近縁の高等動物）における、むしろ例外的な事象のように思えてくる。多くのほかの生物種にとっては、集団の一部が死んだところで、我々の表皮細胞の一部などが日々死んでいくのと同様、あまり重要なことではないのかもしれない。

より広く考えれば、「生命」という現象にとっては、個体とは何か、個体の独立とは何か、あるいは種とは何か、もっと言えば種が絶滅したのか存続しているのかといったことさえ、おそらく「どうでも良いこと」であり、「その現象の継続」、すなわち「情報の保存」と「情報の変革」を繰り返し、新たな有用情報を蓄積していく現象、それがいかなる環境下においても継続していくことが唯一大切なのではないだろうか。個体や種というものは、その継続を強固にするために「生命」が環境に応じて編み出したバリエーションに過ぎない。それらを通じて継続する現象こそが、「生命」の本質であり、その過程で生じた個々の形態、生態によって「生命」を定義しようとする試みは、実は形にとらわれ、実態から離れた霞か雲を摑むような話なのかもしれない。ヒトもブフネラもミトコンドリアもミミウイルスも、皆、同じ調べを奏でて、同じ歌を歌っている。そしておそらく生きている。

そして、ここで再度確認したいことは、この歌を歌うための物質的基盤となっているのは、核酸（そのプロトタイプを含む）だということである。情報を保持する性質や相補性を利用して自己のコピーを容易に作れる性質、またそういった基本的な性質を保持したまま情報に変異を導入できるアーキテクチャ。これらにより「情報の保存」と「情報の変革」を繰り返して発展するという、生物を生物たらしめている根源的な性質は具現化している。したがって、生物の本質を「情報システム」と捉えるなら、究極的には塩基の並びによる情報と相補性による複製が決定的な2要素である。これらは核酸あるいはそのプロトタイプであるTNAやPNAのようなものの成立とともに可能となった現象と言える。すなわち生命とは、核酸（そのプロトタイプを含む）という物質的装置により、「幸運を蓄積する」情報のサイクルを展開することが可能になった存在と言えるのではないだろうか。

ただ、潜在的にそのような情報の発展サイクルを展開できる物質が地球上に生まれたとしても、それが生きていると言える状態になるためには、なんらかの形で動的なエネルギーを得て、そのサイクルへと入っていかなければならない。つまりそれを支える「環境」が必要である。現在の生物では、細胞膜に包まれた穏和な環境とその中で働く酵素の触媒作用などが提供されており、その反応がきわめて効率良く起こる。そのような効率的な情報サイクルの展開様式を「生命現象」とする考え方は成立するし、むしろそれが一般的な考え方かもしれない。しかし、そんな理想郷のような環境は望むべくもなくとも、それよりも早い時期に「その鼓動」は、ひどく非効率な反応として動き始めていたはずである。それはコアセルベート[*36]のようなものの中で始まったのか？　あるいは海底の熱水噴出孔付近の鉱物上に蓄積した核酸のプロトタイプが、あたかもPCR反応[*37]のように熱水の循環に応じて、高温と低温のサイクルに繰り返し晒されるようなことから始まったのか？　現状の知見では、憶測の域を出るものはなく、今後の研究の進展を待たなければならない領域である。ただ、本書で強調したいことは、先に核酸を効率的に複製するような「生物的」環境が生じ、その状態を再現する記録装置として核酸が後から生じたというようなシナリオが成り立つ可能性は論理的に難しいということだ。むしろ記録装置となる核酸あるいはそのプロトタイプが生成可能な環境が生まれたならば、その環境の中で、たとえ効率は悪くとも、核酸に内包された「情報の保存」と「情報の変革」のサイクルが機能し始め、そのサイクルの展開により少しずつ良好な生物的環境が整えられていったと考えるべきであろうと思う。私個人は、その「サイクル」の展開効率や速度の差に、本質があるとは思わない。その調べは、たとえ聞こえないほど小さな声であろうと、調べと分からないほどゆっくりなものであっても、回り始めた時点で、それはすでに始まっていたのだ。

注釈

＊33 **トランスポゾン**　米国の植物遺伝学者バーバラ・マクリントックが発見したゲノム上を「動く」因子の総称。自らのＤＮＡ配列のゲノム上の存在位置を変えたり、自己の配列のコピーを作って、それを新たなゲノム領域に挿入するなどの性質を持つ。近年、真核生物ゲノムの多くの部分がこのトランスポゾン由来の配列で構成されている例が発見され、ゲノムの「寄生者」と称されているが、生物の進化に重要な役割を果たしている例も多く知られている。

＊34 **キメラ**　ギリシャ神話に登場するライオンの頭、ヤギの身体、ヘビのしっぽを持つ伝説の生物「キマイラ」に由来する言葉。生物学においては、一つの個体が複数の異なった遺伝情報を持つ細胞からなっている状態やその個体を指す。近年では、「キメラ分子」のように由来の異なる複数の部分が結合して一つのユニットとなっている状態を指す一般的な言葉としても使われている。

＊35 **ヘテロカリオン**　異核共存体とも呼ばれ、一つの細胞に遺伝子情報の異なる複数の核が共存している状態を言う。主に菌類で見られる現象で、特に担子菌では恒常的にこの状態にあるものもある。

＊36 **コアセルベート**　「集合体」や「塊」を意味するラテン語に語源を持つ言葉で、溶液中で親水性のコロイド粒子が集合体を形成し、周囲と境界を持って、小液滴として存在しているような状態。このコロイド粒子は、分裂や融合を起こし、またほかの物質を付着させたり取り込んだりする性質を持つ。生命の誕生の場の古典的なモデルとして知られている。

＊37 **ＰＣＲ反応**　Polymerase Chain Reactionの略語であり、日本語ではポリメラーゼ連鎖反応と訳される。

高温では二本鎖のＤＮＡが一本鎖に解離し、低温では二本鎖に結合するという性質を利用して、高温と低温のサイクルを繰り返すことで、連鎖的なＤＮＡの合成を誘導する方法。高温耐性のＤＮＡポリメラーゼとプライマーと呼ばれるＤＮＡ複製の起点となる短いＤＮＡ配列を用いることで、プライマーと相同な配列を持つ特定のＤＮＡ領域の合成のみを誘導することを可能としている。

第５章

生命における情報とは何か

結晶の話

天気雨のように太陽が出ている時に降る雪のことを「風花（かざはな）」と呼ぶ。この風花に、太陽の光が当たると、雪が風に舞ってキラキラと光りながら空から降ってくるように見える。「風花」という風流な呼び名は、それを桜の花びらが光の中を風に舞う様にでも見立ててつけられたものであろう。

新雪が、このように太陽の光を受けてキラキラと光るのは、雪が結晶構造を持っており、それが光の屈折率を大きくして反射する性質があるからである。雪の結晶と言えば、六角形の角板を基本として放射状に発達した樹枝状のものが頭に浮かぶが（図27）、これ以外にも角柱や針状などさまざまなものがあることが知られている。

図27　雪の結晶

結晶化という現象は、雪に限らず、宝石に代表される鉱物や鍾乳洞の石筍（せきじゅん）形成など、自然界に広く見られる現象であるが、その過程は大きく「核形成」と「結晶成長」の二段階からなるとされている。核形成は、微小な領域で結晶化する分子の濃度が高くなるとそれらが凝固、もしくは昇華して、小さな塊をつくる過程である。ある種の雪の結晶のように異物（空中に浮遊している塵など）を中心として、水蒸気が昇華し付着したものが核となるような場合もある。いずれにせよ、結晶構造と言われる原子の規則的・周期的な配列の様式が決定されるのは、この核形成の段階と考えられている。結晶成長の段階では、その核を中心として、液体や気体のように比較的自由度が高い状態で存在している分子たちが、すでに並んでいる分子の規則的な配置を真似て同じ規則性で次々と並んでいくことを繰り返すことになる。まるで運動場で元気よく遊びまわっていた子供たちが、次々と前へならえを繰り返し、朝礼の時のように整列した大きな集団を作り出すようなものである。

　結晶構造は、原子間の結合力が強くなる安定した配置であり、一定の環境下では自然に成長するはずなのだが、物質を結晶化させることは必ずしも簡単なことではない。純化したタンパク質や合成した新規化合物等の立体構造決定をする際には、対象の物質を結晶化させる必要があるのだが、その過程に苦労したという話は枚挙にいとまがない。面白いのは、そのような結晶化が難しい物質であっても、何らかのきっかけでいったん核ができたり、あるいは外部から核となる種結晶を入れると、たちまち結晶化させることができるということである。それは、あたかも忘れていた自分たちの本来あるべき姿を急に思い出したかのように、そこにあるパターンに倣っていく。自由に動ける原子や分子が、自発的に一定の規則に収まって秩序を形成していくようにも見える少し不思議な現象、それが結晶化である。

クロード・シャノンの情報量

前章までに、生命という現象の本質には有用情報の漸進的な集積があることを述べてきたが、ではさて、そもそも「生命」にとって「情報」とはいったい何を意味するのであろうか？「情報」という言葉は、本書でもこれまで自明のものとして使ってきたが、実は文脈によってさまざまに実体の異なるものを指す、定義のはっきりしない曖昧な言葉である。本章では生命におけるこの「情報」の意味について考えてみたいと思う。

情報工学の分野では、情報理論の父と言われるクロード・シャノンが１９４８年にA Mathematical Theory of Communication（通信の数学的理論）という論文を発表し、その中で事象の起こる確率に基づいた「情報量」を提唱している。そこでは生起する確率が小さい事象は、蓋然性が高い事象よりも、それを知ったときに得られる情報量が大きいとされた。よく例に挙げられるのが、犬が人を嚙んだということを聞いた時よりも、人が犬を嚙んだという事件（起こる確率が低い）を知った時の方が情報量が多いというような概念である。
ただ、すべての事象に起こる確率が与えられている訳ではなく、情報の中には、そういった確率的な考え方が馴染まないものも存在し、また情報の受け取り手によっても、その確率の捉え方が異なることが現実的には多々ある。したがって、こうして定義された情報量が、情報の持つ「意味」を正確に捉えて表現している訳ではないが、情報の「量」を数学的に取り扱うためには、非常に有意義な定義であり、その後の情報科学の大きな進展を導いた。

この「シャノンの情報量」の概念はDNA上の情報にも適用可能であり、一般にDNA情報と考えられているA、T、G、Cのような記号化された塩基配列の並びにおける各塩基の出現頻度を確率変数として計算することが可能である。もし、ある生物のゲノムDNAにおいて、A、T、G、Cの各塩基が現れる頻度が等しいと仮定できるのであれば、1塩基当たりの情報量は4つのうちの1つ、すなわち4分の1が確率として与えられる。詳細は省略するが「シャノンの情報量」を適用すればこれは2ビットという情報量と計算される。ヒトゲノムのDNA塩基配列はおよそ30億塩基対であり、単純に計算すると30億×2ビット＝60億ビットとなり、これをバイト（1バイト＝8ビット）に直せば、60億ビット÷8＝7・5億バイト＝750メガバイトということになる。これはおよそCD－ROM

1枚分に収まる情報量であり、パソコンのオペレーションシステム（OS）で言えば、Windows 2000 やWindows XP といった一昔前のOSを構成している情報量と同程度である。つまりヒトの持つDNA上の情報量というものを、もしデジタル化された塩基の並びそのものと解釈して良いのであれば、一昔前のコンピューターのOSと同程度しかないことになる。生物の細胞内にあるとてつもない数の分子の複雑な相互作用や偉大な思想家や哲学者による高度な精神活動が、起動するまで何分もかかる動きの鈍いOSと同程度の情報量で動いているということになるのだが、そのことにどこか違和感があるのも事実である。

先に「シャノンの情報量」が、情報の持つ意味を正確に表していないということを述べたが、これはたとえば「わたし」と「たしわ」という文字の並びが、単純な文字の出現頻度の確率としては同じにもかかわらず、「わたし」は「意味」、すなわち情報を持つが「たしわ」は日本語として意味を持たないような齟齬が生じることに象徴されている。人間の精神活動を含む生体反応とWindows XP が同程度と言われた時に感じる直感的な違和感は、「遺伝情報」を記号化された塩基の配列としてのみ捉えることの過ちを、無意識のうちに私たちが感じているからなのかもしれない。「シャノンの情報量」をDNA塩基配列に適用して考えることは、魅力的なアプローチではあるが、残念なことに生命の持つ遺伝情報の「意味」がそこからは抜け落ちている。

生命現象における情報としての「形」

では、遺伝情報の持つ生物学的な実体とは何であろうか？　それを考えるヒントが本章の冒頭で紹介した結晶形成にあるのではないかと思う。実は、遺伝情報が記録されているDNAにおいても、結晶形成と少し似た現象が起きている。その共通点とは〝すでに存在する「分子の形」が、新たに生成される「分子の形」に影響を与える〟ということである。たとえばDNAの複製を考えると、序章で述べたように新生鎖の「分子の形」は、鋳型の「形」によって決まっていく。このようなある物質の「分子の形」が、他の分子の在り方に何らかの影響を与えること、そこに遺伝情報の実体が隠されているのではないかと本書では考えている。そのことをこれから説明したい。

DNA複製における新生鎖の「形」に影響を与える主役は、AとT、またCとGの塩基間で起こる水素結合という比較的弱い力による特異的な結合である。この結合は、水素原子の弱い陽性の電荷（δ^+）と電気陰性度の高い原子（δ^-）の間の電気的な結合力によって起こると考えることができる。図28に、この塩基間の詳しい結合様式が図示されているが、真ん中に点線（……）で示した部分が、その水素結合を指している。各塩基はC_1で示された炭素原子でデオキシリボース・リン酸鎖と結合しているが（図2参照）、Ａ：ＴおよびＣ：Ｇのペアのいずれにおいても、その距離は約１・１nm（ナノメートル）であり、これがＤＮＡの二本鎖の間の距離をほぼ平行に保ち、安定した構造をとることに役立っている。環状構造を二つ持つ分子の大きいＡとＧが結合しようとすれば、この１・１nmという距離を保つことができなくなる。また、逆に環状構造が一つしかない小さい分子どうしのＴとＣが結合する場合も同様である。では、分子の大きさを変えずに、たとえばＡの代りにＧがＴと結合しようとするとどうだろう？　図28をよく見ていただかないといけないので恐縮だが、この塩基の組み合わせでは、二つの塩基を水素結合で結ぶ位置にある原子同士が、陰と陰、陽と陽の関係になってしまい、結合どころか、むしろ反発してしまうことになる。本来のＡ：ＴおよびＣ：Ｇの結合では、これらの水素結合可能な原子が２本のデオキシリボース・リン酸鎖からの距離や角度とも絶妙な場所に配置されることにより、自然に結合できるようになっている。

したがって、もしすでにあるＤＮＡ鎖を鋳型として新しいＤＮＡ鎖が合成される場合には、たとえさまざまな塩基や他の物質等が戯れに入ってきたとしても、本来のパートナーであるＡ：ＴおよびＣ：Ｇの組み合わせ以外では、安定してその場所に存在することができず、すぐに出て行ってしまうことになるだろう。ブラウン運動等により分子は自由に動

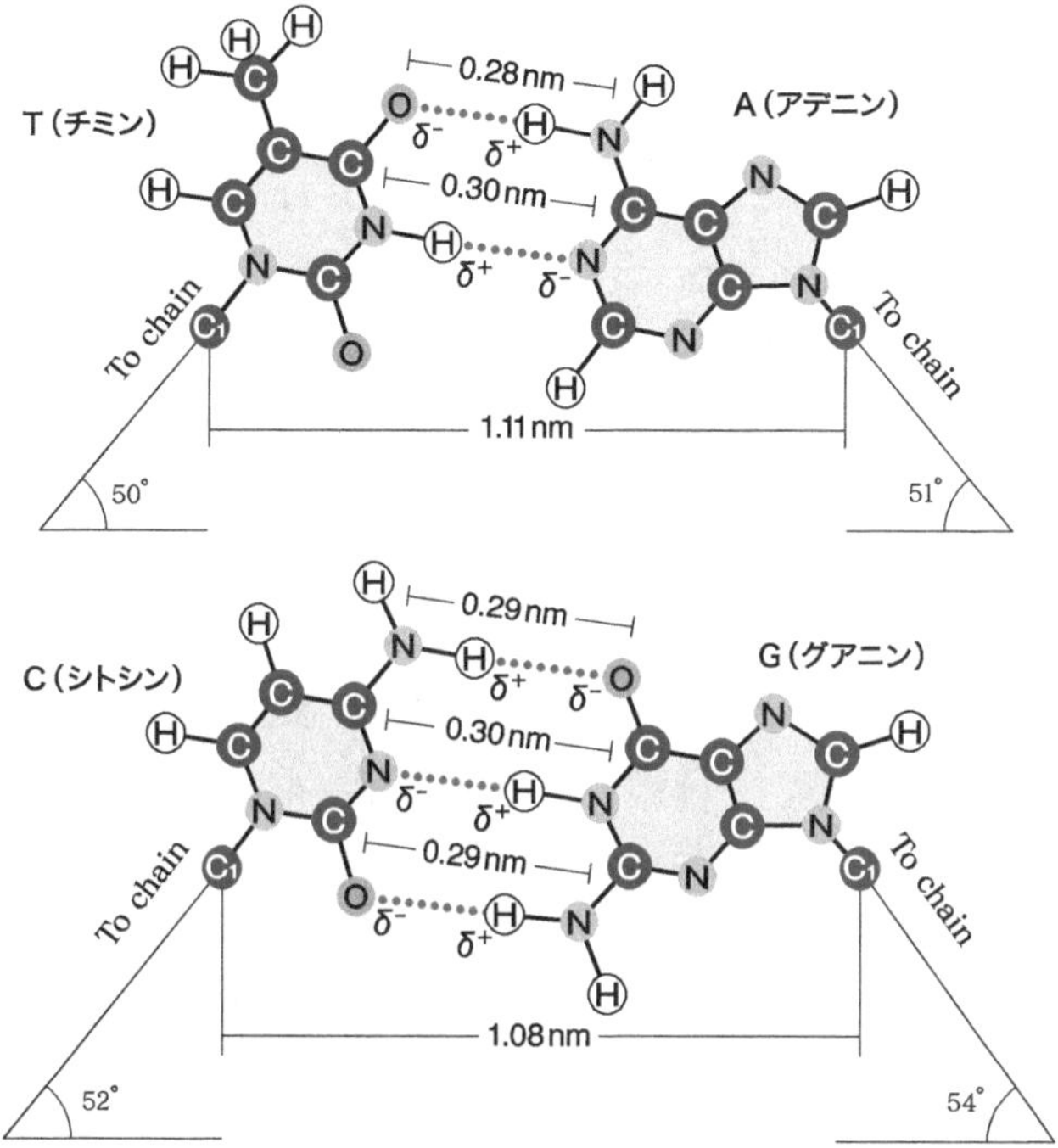

図28　核酸塩基間の水素結合
δ^+とδ^-の間にある点線が水素結合を表している。各塩基はC_1の炭素でデオキシリボース・リン酸鎖とつながっている
原図はBiochemistry 2nd Ed.より引用（一部改変）

き回っており、元来どこに何があっても良いのだが、すでに何かの物質が存在した場合には、それとの相互作用により、居心地の良い場所と居心地の悪い場所ができてしまうため、分子の在り方がランダムではなく一定の様式に限定されていくことが起こり得る。このことが生体における「情報」というものにとって重要な意味を持っているように思う。

私たちは、塩基配列という極端に記号化された形式でDNAの遺伝情報を見ることに慣れているので見落としがちだが、螺旋の形をしたDNA鎖に一定の塩基配列が並んでいるという全体的な「分子の形」そのものが情報であり、それが他の分子、特に新たに生成される分子の形に影響を与えることで、情報の意味が現れることになる。つまりDNA鎖の形そのものに由来する他の分子に対する「作用力」のようなものが遺伝情報の実体ではないだろうかと思う。

この文脈で興味深いのは、非酵素的な核酸（そのプロトタイプを含む）の複製、進化の研究である。この分野の先駆者は、RNAワールドの提唱者の一人でもあるレスリー・オーゲルであり、より近年ではジャック・ショスタクを筆頭としたいくつかのグループによるさまざまな核酸アナログやプロトセルを用いた研究[*38]も目覚ましい成果を挙げている。生命のごく初期には当然タンパク質やリボザイムを含む酵素といったものも存在しない状態が想定されるが、彼らの研究から複製酵素の助けがなくとも核酸の鋳型依存的な相補鎖合成が起こることがいくつもの系で実験的に示されている。つまり鋳型の存在により活性化された塩基が空間的に限定された場所に一定の確率以上で存在することで、隣の分子と共有結合で結ばれるような現象がある頻度で起こり得ることが示されているのだ。このような低効率の結合であっても、分解より結合のスピードが速くなるような環境、すなわち核酸(そのプロトタイプを含む)やその基質の分解が起こりにくい安定した環境が、地球上のどこかにあったとするなら、その複製が温度変化のサイクルといった非生物的な要因だけで起こることになる。核酸の合成には酵素やリボザイムといった何らかの作用分子が必要という先入観があるが、実際は、それらの作用分子は結合の速度や効率を上昇させているだけで、核酸の複製にとってより本質的なことは鋳型の「分子の形」により、特定の塩基が特定の場所に、より高頻度で存在すること、すなわちそれを可能とする「情報」であると言えるのかもしれない。

これに関して、オーゲルが興味深いことを述べている。オーゲルはいくつもの名言を残しているが、有名なものが二つあり、それらはオーゲルの第一、第二法則と呼ばれている。特に第二法則は有名で〝Evolution is cleverer than you are(進化は貴方より賢い)〟というものである。それは彼の唱える生命の化学進化説に対して「そんなことあり得ない」と言う人たちの「想像力欠如」を皮肉った言葉と言われている。ただ、ここでより重要なのは第一法則のほうであり、それは〝Whenever a spontaneous process is too slow or too inefficient a protein will evolve to speed it up or make it more efficient（自発的な化学反応が遅すぎたり非効率すぎれば、タンパク質はそれを速く、効率的にするように進化する）〟というものである。それは非酵素的な核酸の複製を長年研究していたオーゲルが、タンパク質の働きは、所詮副次的なものであり、この世に起こる化学変化の特異性を決める本質ではないとシニカルに言っているように、私には響いてならない。

遺伝情報の階層性

ＤＮＡ上の遺伝情報はさらにそれが「階層的である」という特徴を持っている。ＤＮＡ分子の形から派生する情報は複製の時に使われるだけではない。ＤＮＡから転写されるｍＲＮＡやそれから翻訳されるタンパク質の形は、基本的にＤＮＡ複製と同様に塩基のペアリングによって特異性が決まるため（ＲＮＡの場合は、Ｔの代わりにＵ〔ウラシル〕が用いられるが、この文脈では大きな問題ではない）、鋳型となったＤＮＡの形により新たに合成されるｍＲＮＡやタンパク質も一次的な形が決まることになる。

そしてさらにタンパク質も、その機能を発揮するには「形」が重要である。たとえばタンパク質の代表的な作用である酵素と特異的な基質[*39]の反応には、反応活性部位における溝

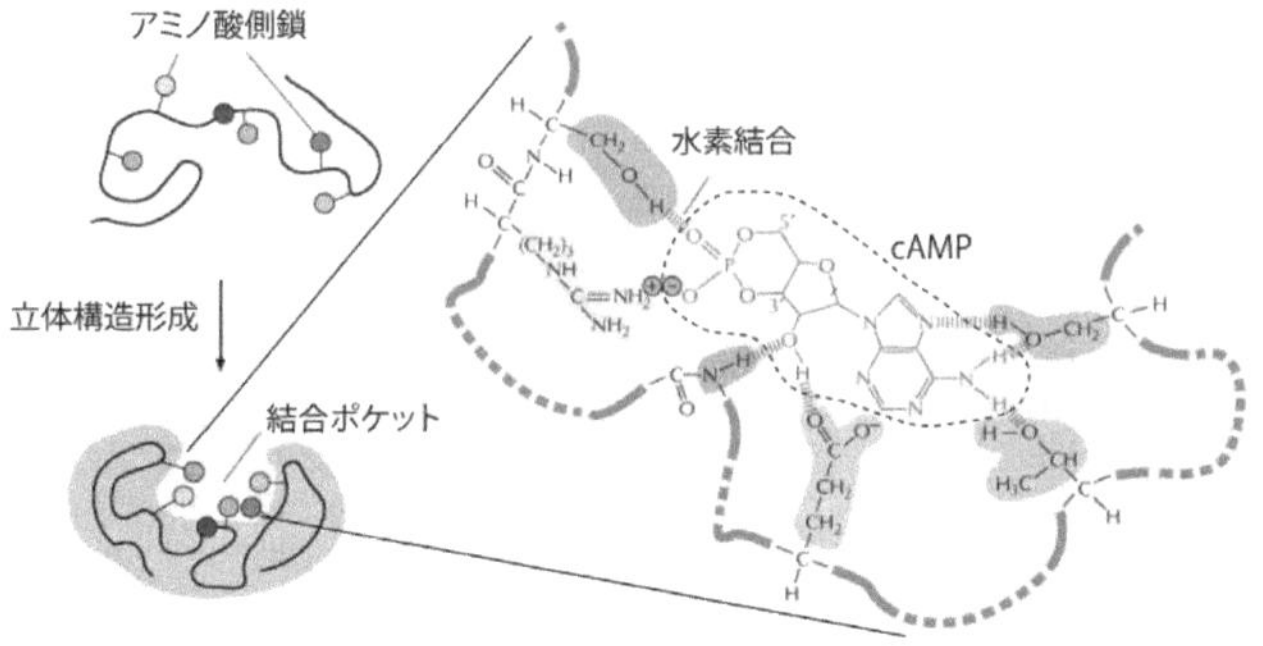

図29　タンパク質とcAMPの結合
タンパク質の折りたたみ（立体構造）によって、タンパク質表面に溝や窪み（結合ポケット）ができる（左図）。右図は、その結合ポケットの拡大図であるが、その表面に飛び出ているアミノ酸の側鎖（網掛けされた部分）との水素結合などによりcAMPとタンパク質の特異的な結合が起こっている
原図はEssential Cell Biology 2nd Ed.より引用（一部改変）

やポケットと呼ばれる立体的に窪(くぼ)んだ構造や、その部位におけるアミノ酸と基質との水素結合の位置といった「分子の形」に由来する結合力が特異性を決めている例が多く知られている。その「形」から基質が限定され、それが触媒して生成する代謝物の分子パターンも限定されていくことになる。図29には、教科書にも載っているタンパク質を活性化するサイクリックＡＭＰ（ｃＡＭＰ）[*40]という分子の結合部位を一例として示したが、結合ポケットの形や水素結合の位置がたくみに配置されてｃＡＭＰとタンパク質が結合していることが分かる。これと同様のことが、酵素と基質の間にも起こり、その

特異性や活性に大きな影響を与えている。

これまで述べてきたDNAの合成から、酵素の触媒反応といった生体内における化学反応に共通する特徴は、新しく合成される分子パターンが、すでに存在する分子パターン（情報）によって、一定の形に限定されてくるということである。生体における物質代謝では、本来、この世界においてランダムに存在するはずの分子が、既存の分子の存在により、その在り方を限定されて「形」を作っていく事象が玉突き的に（階層的に）連続して起こっている。

より広く生体内を見れば「遺伝子産物」であるタンパク質を介した化学反応は多岐にわたっており、これまで述べてきたような直接的な新しい分子生成への関与に加え、それに必要な環境の整備、すなわち「原料」である基質の合成や運搬、反応を進めるためのエネルギーの供給、不要物の排出などのさまざまな過程に多様なタンパク質分子が関与している。したがって、DNAの分子パターンは、複製の際に新生鎖を作るというだけではなく、RNAやタンパク質の合成、また主としてタンパク質を通じたその後のさまざまな分子の形成やそれらの細胞内分布といった異なった階層にある多くの生命現象に、分子の形を通して玉突き的に影響を与えている。DNA上の情報は、これらの各階層において生成される分子パターンが連続的にうまく働くように設計されたものであり、非常に高密度化された形で蓄積されていることになる。これがＤＮＡ情報の持つ階層性である。このようなことを総合して「生命活動」における遺伝情報の意味を集約するなら「他の分子の存在様式に階層的に作用する分子パターン」ということになるのではないかと思う。

したがってＤＮＡの持つ情報量は、それ自体が持つ塩基の組み合わせの単純な出現頻度というようなことではなく、その分子パターン全体が他の事象にどの程度、影響を与え、それらの在り方をどのように限定できるのかという影響度（impact factor：ＩＦ）のようなものとして定義されるべきではないかと思えてくる。これは「情報」というものが、本来、単独で存在しても意味がなく、受け手があって初めて成立するということを考えても、合理的なことである。ＩＦという言葉は、学術雑誌の影響度を評価する指標の一つにも使用されており、その雑誌に掲載された論文がどのくらい他人に影響を与え、新たに書かれた論文に引用されたかということで計算される。ＤＮＡの情報量としてのＩＦというものと実体はまったく異なるが、他に影響を与える量がその情報の持つ価値であるという考え方においては同じものと言える。

ＤＮＡの持つＩＦの実体は、その影響の及ぶ分子の数、情報伝達の限定度（曖昧さ）や階層性の深さ等を総合した確率的要素を含む「量」であることが推定されるが、このような受け手に対する影響の大きさを考慮した情報量は、正確な計測が現実的には不可能と言ってよく、定量的に扱うことは困難と言わざるを得ない。しかし、DNA上にIFに相当する莫大な情報が貯えられていることは疑いのないことであり、それが生物の世界における「形あるもの」、すなわちある種の形式に限定された分子パターンや配置を生む源泉となっていると言えるだろう。生物進化の歴史の中で、高度に情報を蓄積してきたそのDNAの分子の形は、それ自体が極めて高度なパズルの解のようでもあり、自分自身の複製を可能とするだけでなく、それを取り巻くさまざまな環境を作り出す分子を次々と作っていける「形」をしているのではないだろうか。

分子の形が促す自己組織化

分子の形が情報であり、それが生物界で形ある物を作っていくことを如実に示すよく知られた例を一つ挙げるなら、タバコモザイクウイルス（TMV）の粒子形成があるだろう。TMVはタバコやトマトなどのナス科植物に病気を起こす植物ウイルスの一種で、世界で最初に発見されたウイルスとしても知られている。第1章で述べたようにウイルスは、自らの遺伝物質であるDNAやRNAを保護するためにタンパク質からなる粒子を形成しているが、TMVの粒子は図30左に示すようにヒダのついた円柱のような構造をとっている。この粒子は、単一のタンパク質（サブユニット）が多数集合して円柱形を作っていると

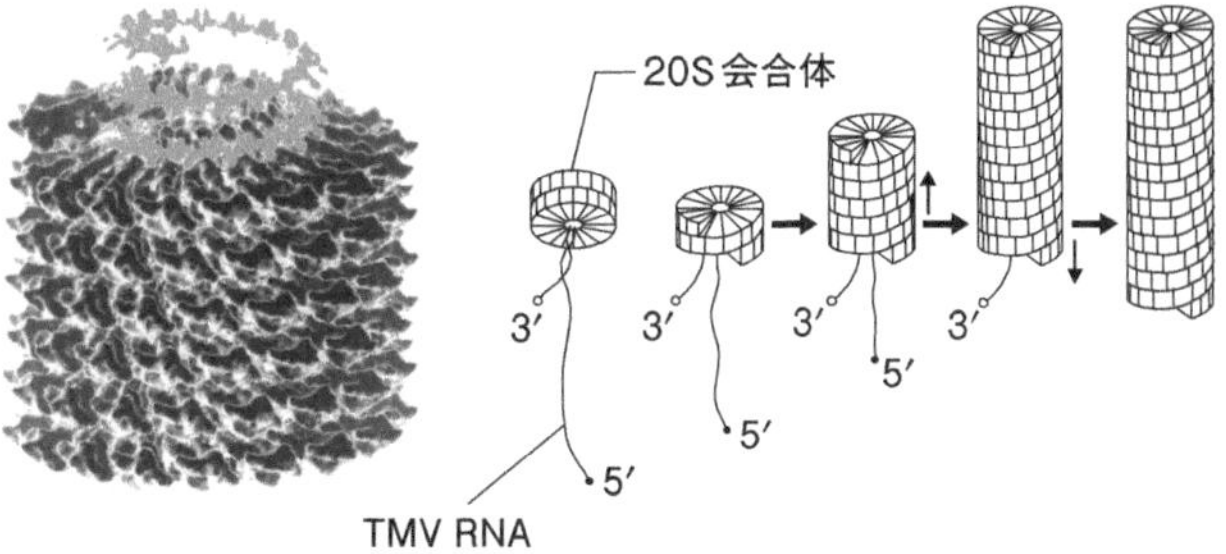

図30　タバコモザイクウイルス（TMV）の粒子モデル（左図）とその試験管内再構成（右図）。左図の粒子内部にある色の違う部分や右図の線はウイルスRNAを示している

Namba et al. 1985 Science:227 および Fukuda & Okada 1987 PNAS:84 より引用

いう特徴があり、正確に言えば、ＴＭＶのＲＮＡと約２１３０個のサブユニットタンパク質からなる巨大な構造体である。

ＴＭＶの研究で分かった驚くべきことの一つが、このＴＭＶの粒子形成の様式である。ＴＭＶ粒子は２０００を越すタンパク質とＲＮＡが秩序正しく整列した緻密な構造をとっているが、適切な条件下でＲＮＡとサブユニットたんぱく質を混ぜると、それらは何の助けも借りずにひとりでに機能するウイルス粒子を形成していくのだ。興味深いことに、このＴＭＶの自律的な粒子形成も、大きく分けると2段階の過程からなっており、まず「核形成」のように〝20Ｓ会合体〟と呼ばれる2層の円盤状の構造が形成される（図30右）。この「核」とＲＮＡ上にある特別な開始配列が結合すると後は、前へならえ、をするように次々とサブユニットが螺旋状に結合し、RNAが覆われるまで伸びていくことでウイルス粒子が構成されることになる。条件がよければ、この「結晶成長」による粒子形成は1時間もかからないうちに完了する。サブユニットどうしを結合させていく力は、水素結合や疎水結合といった比較的弱い分子間の相互作用の積み重ねであり、それらの結合を可能とするアミノ酸残基が、サブユニットどうしが重なった際にちょうど一致するように配置されていることで、次々とつながっていく現象が起きることが明らかとなっている。このTMV粒子の自律的な形成においても分子の形が決定的な要素である。

この実験は1955年にフレンケル＝コンラートらによって行われたのだが、その当時、ウイルス粒子のように生物的な活性を持つ複雑な構造体は、細胞の中でしか構築されないと信じられていたため、大きな驚きを持って社会に受け止められた。当時のマスコミは〝creation of life in the test tube（試験管内における生命の創造）〟と報じたという。このような現象は、自己組織化と呼ばれるようになり、無秩序から形を作っていく「生命」という現象の一つの特徴として捉えられるようになった。

近年、この自然界の神秘のようにも見える分子の自己組織化という現象を、実は人工的にデザインすることができる、と東京大学の藤田誠らのグループが精力的に報告している。彼らの研究のエッセンスは、たとえば正方形を作ろうと思えば、90度の角度に〝結合

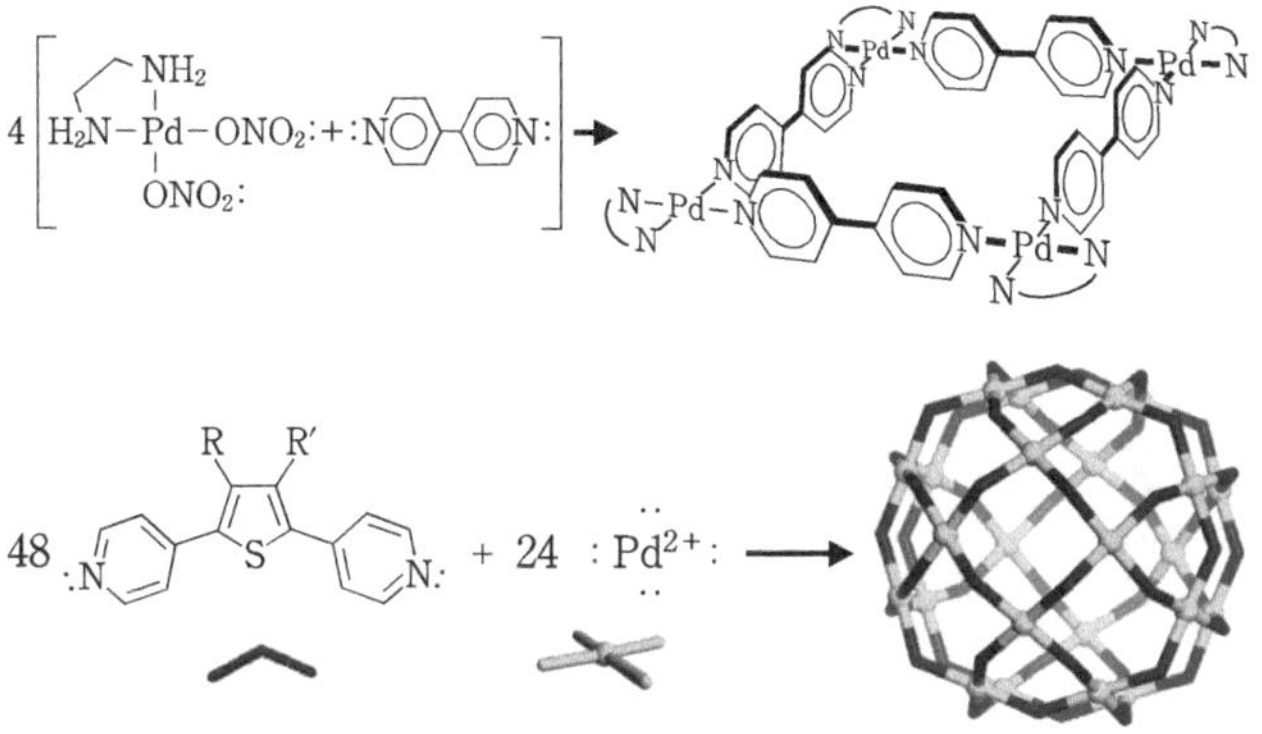

図31　人工的にデザインされた自己組織化分子
原図はFujita et al. 1990 J. Am. Chem. Soc.:112およびSun et al. 2010 Science:328より引用

の手〃（図中では：で示されている）を持つ分子と両端に〃結合の手〃を伸ばした直線状の分子をゆっくり混ぜてやる。そうすると両者はさまざまな形で、くっついたり切れたりを繰り返しながら、次第に最も対称性が高く安定な構造、すなわち正方形に落ち着いていくという（図31上図）。これを応用し、４つの〃結合の手〃を持つ分子と両端に〃結合の手〃を持った少し角度のある折れ曲がった分子を混ぜることで、まるで竹毬（たけまり）のような立体的で複雑な構造を自己組織化により作り出すことにも成功している（図31下図）。藤田らのグループは、同様の原理で自己組織化する１００を超すさまざまな形の分子をデザインして作り出したと言う。シンプルなアイディアにして、きわめて興味深い現象である。

　これらの事実は、この世の形あるものたち

が、必ずしも何らかの「設計図」により作られているのではなく、分子の形、そのものが設計図であり、一定の環境さえ与えられれば、特定の形に自然に組み上がるようなことが起こり得ることを示している。自然界にはさまざまな形をした分子が環境に応じて存在しており、それらをブロックにたとえて良いのであれば、そのブロックを組み合わせたり、あるいは新しい形のブロックを作り出したりすることで、一定の確率で何かの構造や機能を持ったものが、自律的に組み上がるようなことが起こるのかもしれない。もし、この仮定が正しいのであれば、この世に「安定した形」や「機能」を作り出すために本質的に大切なのは、そのような新しいブロックを作ったり、違った組み合わせを作り出したりという、トライアンドエラーの実行を安定して継続させることが可能なプラットフォームやプログラム、すなわち「からくり」の存在である。そして、ここまで論じてきたように、それこそがまさに「情報の保存」と「情報の変革」という二つのベクトルを内包し、この世にさまざまな「形」や「機能」を生み出してきた生命という名の現象であったのではないだろうか。

生命を特徴づける情報の流れ

ここまで生命、非生命を問わず、分子の形が情報となり、この世に「形あるもの」を作り出す現象について論じてきた。本項では、最後に情報という観点からみた場合に、生命、非生命を分けるものは何であるか、考えてみたい。

この章で書いてきたように、既存の物質の形が新たな分子の配置や存在様式に影響を与えるのは、たとえば非生命である鉱物の結晶生成時にも起こり得ることであり、一般的な物理化学現象である。したがって作用力とも言えるＩＦで表される情報量は非生命であっても保有しており、ＩＦを持つ持たないは、生命と非生命を分けるものではない。ただ、現在の生物の遺伝物質が持つＩＦの量は、影響を与える分子の数やその階層性から考えても、鉱物の持つそれとは桁違いに大きいことが容易に想像される。一見、生物の遺伝情報に特徴的に見えるのは、このとてつもないＩＦの大きさであり、それをベースに自分を取り巻く環境の制御も含めて、大きなネットワークのような複雑な仕組みを構築していることである。確かにその地球上での有り様は明らかに鉱物とは異なっている。では、保持するＩＦの量、これが違いの本質であろうか？

しかし、そうではない、と私は思う。本書ではここまで、たとえば海底の粘土鉱物の表面でやっと複製を始めた核酸の原型となるような分子も、動物や植物といった高等真核生物も、同じ原理で動く存在として論じようとしてきた。言うまでもなく、そういった核酸のプロトタイプと我々のような高等動物では、保持するＩＦの量は大きく違うはずであ

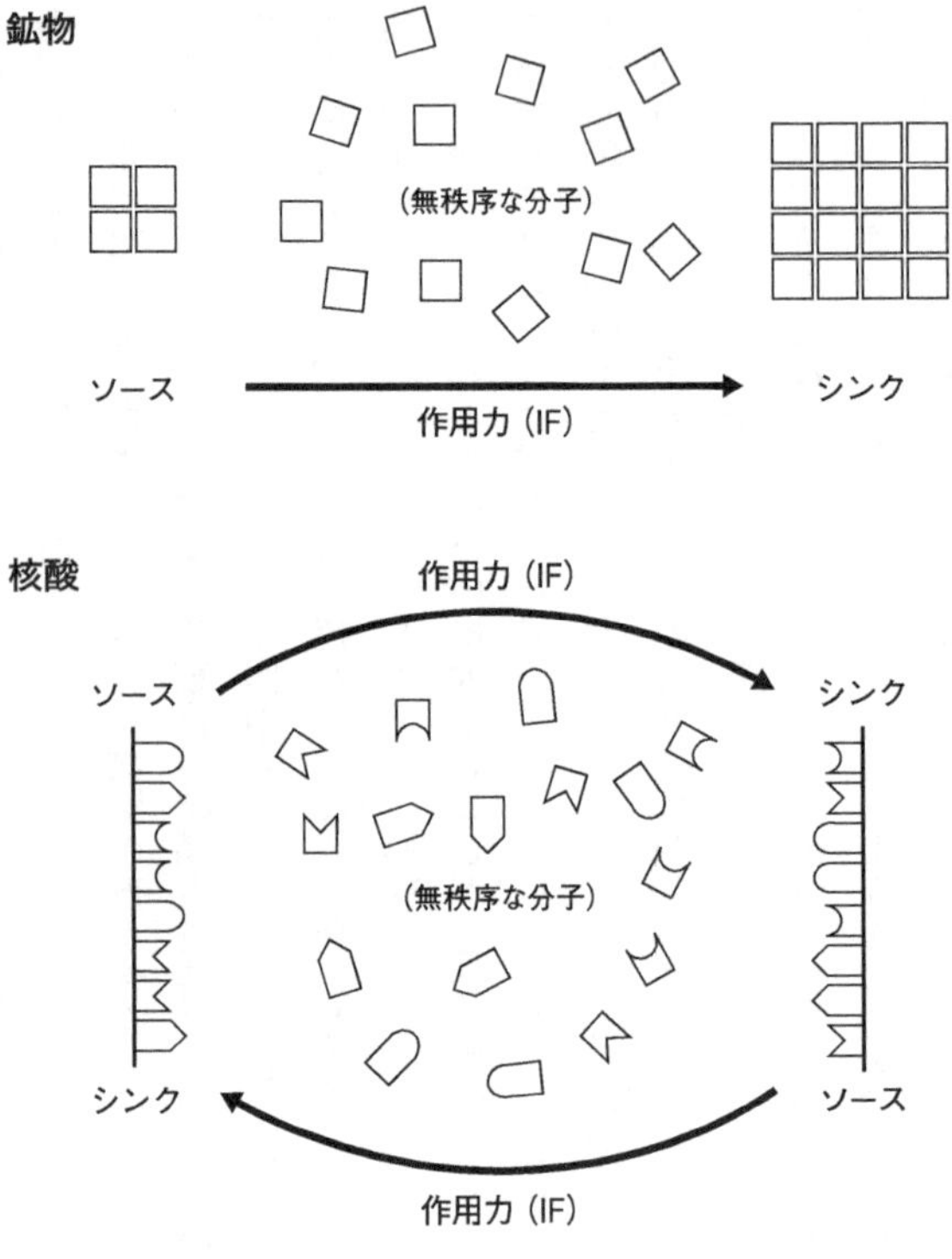

図32　鉱物（非生命）と核酸（生命）のもつ情報の流れの特性
ソースの持つ情報の作用力により無秩序な分子が形（シンク）を作っていくが、核酸ではシンクがまたソースとなり情報の流れが双方向に起こる特徴を持つ

る。IFの絶対量という意味では、我々と核酸プロトタイプより、鉱物と核酸プロトタイプのほうがはるかに近いであろう。それは生物の持つ情報というものが、長い生物進化の歴史の中で淘汰を受けながら、どんどん蓄積されてきたからであり、「量」に違いの本質を見出そうとする努力は、鉱物から人間まで、さてどこで線を引くべきかという、例の問題がまた現れるだけである。

私は、真に生物に特徴的なこととは、情報の流れの特性、すなわち遺伝物質の持つ作用力の方向の特性のようなものではないかと思っている（図32）。たとえば、非生物である鉱物の結晶化を考えると、最初に核形成が起こり、その情報を基に結晶成長が次々と起こっていく。情報の発信源となる存在（ソース）から、影響を与えられる存在（シンク）へと情報が流れている。このように一方向に向かって情報が流れることが、多くの物理化学現象の特徴である。しかし、生物の遺伝情報は、どうだろう。たとえば、DNA複製の様式を考えてみると、同等の作用力（IF）を持った実体が少なくとも二つあり、相互に影響を与え合う系として存在している。これはDNAで言えば、2本の相補鎖の関係である。お互いがお互いの生成の際に、鋳型となることで影響を与え合い、影響を与える側が同時に影響を受ける側となる。つまり情報がソース（発信側）からシンク（受信側）へと一方向に流れるのではなく、ソースもシンクとなり新たに生成される際に他から影響を受けて変化し得るという仕組みが成立している。生命の特性は、このような作用力が両方向に働く装置を中心に置くことで発生しているのではないかと思う。

これが具体的に意味することは、序章で核酸の特性として述べたことと重複することになるが、二つの要点がある。一つには、自己複製を容易にしていることである。ソースとなる分子の作用力で生成されるシンク分子は、一般的に言ってソースそのものではない。しかし、できた分子がまたソースとなり、その作用力で逆方向へと反応を進めることができれば、もともとのソースであった分子を作り出すことが起こり得る。こういったお互いの持つ作用力に相互依存することで、間接的に自己複製することが可能となるのである。この特性が「情報の保存」という生命の特徴の根源となっている。

もう一点は、ソースそのものが頻繁に合成されるという仕組みがあることで、情報の変化の頻度が高くなることである。たとえば、鍾乳洞の石筍の中で最初に結晶の核となった炭酸カルシウム分子の形が変化するというようなことは、恐らくそうそうないのだろうが、DNA分子であれば、たとえ現在生きている生物の中でも変化し続けている。それはDNA分子が、たとえばタンパク質を作るという文脈では、ソースに徹しているとしても、複製の際にはシンクにもなり得ることで、動的な性質が付与されているのである。そして、この性質が言うまでもなく生命における「情報の変革」の源泉となっている。このような物質の持つ他の分子への作用力が、その分子の保持と変化の創出という二つのベクトルに向けてうまく働くような仕組み（からくり）ができたこと。それが「生命」という現象の誕生の瞬間ではないかと思う。このからくりに根源的に必要なものは、物質的基盤となる二つの核酸様分子とそのサイクルが動作可能な環境である。

そして、その時から、その二つの小さなオートマタは、分子のパズルを始めた。それはどんな分子パターンを作れば、分解される前に、それと同じ分子パターンをより多く作り出せるかというパズルである。分子の形を少しずつ変えることを幾度も幾度も繰り返し、時々現れる「幸運」すなわち、そのパズルの解を自らの形（情報）としてずっと書き留め続けた。それはそれから40億年もの長い時間ずっと続くことになる、二人遊びだったのである。

注釈

＊38　非酵素的な核酸様分子の合成には、活性化された核酸様の単量体（核酸アナログ）が使われることが一般的であり、その効率や安定性をあげるために、いくつかの異なった種類の核酸アナログが試されている。また、近年ショスタクらのグループは、原始細胞に見立てたプロトセルと呼ばれる単純な脂質二重膜の中で非酵素的な核酸の合成が起こることを示している。

＊39　**基質**　酵素の作用を受けて化学反応を起こす物質のこと。たとえば、酵素がセルラーゼであれば、それが分解するセルロースのことを指す。

＊40　**サイクリックＡＭＰ**　細胞内のアデノシン三リン酸（ＡＴＰ）からアデニル酸シクラーゼの作用で生成される分子で、細胞内のシグナル伝達物質として作用する。環状アデノシン一リン酸ともいう。

第６章

生命と文明

巨人の肩の上に立つ

２０１１年、アップルの創始者であるスティーヴ・ジョブズが亡くなった。その時、「世界を変えた三つのリンゴ」という言葉が有名になった。それは、イブを誘惑したリンゴ、ニュートンが見たリンゴ、そしてジョブズが作ったリンゴ、のことだ。この言葉は、ジョブズのビジョンがいかに世界に影響を与えたかということを比喩的に表しているが、ほかの二つのリンゴが世界を大きく変えるものであったことが前提となっていることは言うまでもない。

２番目に「世界を変えたリンゴ」のアイザック・ニュートンはイングランドの東海岸に位置する寒村ウールスソープで１６４３年に生を受けた。予定よりも２〜３ヵ月早く未熟児として生まれ、取り上げた産婆は「この子は長生きすまい」と言ったという。アイザックが生まれる３ヵ月前に父親が他界しており、母も彼が３歳の時に再婚し、アイザックは祖母に預けられて養育されることになる。決して幸福とは言えない人生の船出であった。

そういった原体験の影響があってかなくてか、アイザックは内向的で神経質な秘密主義の少年となっていく。アイザックは孤独を好み、結局、生涯独身を通した。その孤独の中で、彼は何物にもとらわれない思索の森を彷徨(さまよ)った。その集中力は常人の窺(うかが)い知れぬものであり、思索に熱中するあまり、食事を忘れたとか、卵と間違えて懐中時計を茹でたなどの逸話も伝わっている。

彼の主な功績である、運動の3法則と万有引力の法則の発見、光の分散の発見から発展させた光の微粒子説、二項定理、微分積分法の発見などは、彼が通っていたケンブリッジ大学がペストの流行で閉鎖となり、避難のために故郷に戻っていたわずか1年半の間に完成させたと言われており、後に「驚異の諸年」と呼ばれる期間となる。当時、彼はまだ23歳だったが、どれ一つとっても、普通の科学者が一生をかけてでも発見できれば偉大な業績と言えるものであり、アイザック・ニュートンが史上空前の天才と呼ばれているゆえんである。そして彼は弱冠27歳にして、ケンブリッジ大学のルーカス数学講座教授職に就いた。

「ニュートン力学」を確立した彼は、後に「実証主義による近代科学の礎」となったと評されることになるが、それは主著となった不朽の名作である『プリンキピア』においてHypotheses non fingo（ラテン語で、われ仮説を立てずの意）と述べたような彼の研究スタイルによる。当時は、万学の祖であるアリストテレスと神学に基づいた学問体系が支配的であり、この世界を説明するための知的探究としての哲学（philosophy）と、自然を対象として実験や観察を方法とするいわゆる、自然科学（science）とがまだ明確に分離されておらず、学問は物事の発生する原因や目的を明らかにすることに力点が置かれていた。そのために実態が判然としないさまざまな仮説により事象が説明される傾向があった。しかし、ニュートンはあくまで観測できる物事の因果関係を示すことが大事で、それをもたらす原因については仮説を立てる必要はないと主張したのだ。たとえば万有引力の法則にしても、引力がなぜ発生するか、あるいは引力が何のために存在するのかということではなく、引力というものが、どういう性質のもので、どんな法則によって機能するのかという説明に終始した。ニュートンに先行する、あるいは同時期の幾人もの学者からも同様の発言はなされており、ニュートンが近代科学の礎と言えるのかという点には議論もあろうが、彼の還元主義的で事実のみを見る冷徹な態度は、中世的なものから近代科学への移行が始まっていることを確かに感じさせる。少なくとも「時代の意識」は、アリストテレスと神学が支配した過去の世界からの脱却を目指し始めていた。

そのニュートンは、同時期の学者であり、光の理論や万有引力の法則などを巡ってライバル関係であったロバート・フックに宛てた手紙の中で、シャルトルのベルナールの言葉を引用して、「もし私が他の人々よりも遠くが見えるとするなら、それは巨人たちの肩に乗っているからだ」と述べている(図33)。これは科学というものが、それまでの知の蓄積の上に成り立っていることを、的確に指摘したもので、「ニュートン力学」という、それ

図33 Blind Orion Searching for the Rising Sun（日の出を探す盲目のオリオン）
メトロポリタン美術館所蔵。ニコラ・プッサン作

までにない新地平を拓いた史上空前とも言われる天才のニュートンをもってしても、決して一から独自の世界を創ったのではなかったことを示している。また、この「巨人の肩の上に立つ」という言葉は、現在、この文明の最先端とも言えるGoogle Scholarのトップページの標語ともなっており、これはこの文明が「情報の蓄積」によって築かれてきたことを象徴的に示しているのではなかろうか。

二つの情報革命

生物の歴史の中で、DNAに代表される核酸（プロトタイプを含む）による情報の保存と変革システムの誕生は、決定的なターニングポイントであり、その成立によりこの地球上で「生命という現象」が誕生したと言っても良いように思える。地球の歴史上、一度目の情報革命である。実はこの保存と変革を繰り返す「情報の蓄積システム」というものを、地球上の生物はその歴史の中で二度手にしている。その二度目とは、文字情報を基本とした人間による文明、特に白眉（はくび）となるのが科学である。この二度目の情報革命を経験した生物は、現在知られている限り人類だけであり、そのことが人類をほかの生物と少し異なった存在にしているようにも思える。本章ではこの視点に立って、この第一と第二の情報革命の共通点、すなわち「生命」と「文明」に共通する情報蓄積の様式や特性について、簡単に述べてみたいと思う。

かつてカール・セーガンが、人間の持つ情報について、DNAによる「遺伝情報」と脳細胞のネットワークからなる「脳情報」に区分できると提唱したことを第4章で紹介し、人間における「脳情報」の重要性について述べた。ここで挙げた二つの情報革命は、基本的にこの2種類の情報にそれぞれ蓄積のシステムが誕生した出来事と捉えることができる。ドーキンスは、主著である『利己的な遺伝子』の中で「ミーム」[*41]という、人から人に伝達されることによって複製や進化するという観念の単位を提唱したが、これも「脳情報」と「遺伝情報」の複製様式や伝達様式の類似性を指摘したものであり、本章で述べることと、大きな文脈においては、同じことの指摘と言えるだろう。

「脳情報」の蓄積において、革命的なことは、文字の成立であった。脳に情報を保存する一定の能力があるのは間違いないが、その情報保存媒体としての能力はさほど高いとは言いがたい。記憶違いのように、正確性を欠くことが往々にしてあり、また、複製や伝達の様式にも問題がある。脳だけに頼った情報の蓄積は、人間以外の動物でも行われており、人間に特徴的なことは、セーガンも指摘しているが、文字を発明し、脳情報の「外部メモリー」として利用することにより正確な情報の蓄積・伝達を可能にしたことである。

文字の発達は、実際、文明の発展と密接に関連している。ピラミッド等の大型建造物に代表される高度な文明を古代から発達させてきたメソポタミア、エジプト文明では、それを支える知的基盤としてシュメール文字やヒエログリフ等の文字体系が発達していたことが知られている。同じく巨大建造物で有名な古代文明であるマヤ文明も、20世紀になってからマヤ文字が解読され、文字種が4万とも言われる複雑な文字体系を用いていたことが判明してきた。こういった体系のしっかりとした文字の発明なしには、先人達の経験や試行錯誤から生まれた貴重な情報を蓄積し、正確に次世代に伝えていくことは、困難であり、その情報の蓄積こそが文明の階段を一歩ずつ上がっていく推進力となっていたことに疑いを挟む人はいないだろう。情報が蓄積されることで、一から始めるのではなく「巨人の肩の上に立つ」ことが可能となるのだ。物事を発展させる上で、これは決定的な違いを生む。

また、洗練された文字体系による情報の特徴は、図画による情報の伝達と異なり、情報が所謂「デジタル」化（正確な表現ではないが）されていることが挙げられる。つまり図画の場合、ディテールが失われると、それを復活させることは大変難しいが、文字情報は、多少文字がかすれたり、一部見えなくなっても、「あ」が「あ」であることが分かれば、情報として問題なく機能し、また複製の際に完全な情報へと簡単に復活させることができる。再生させる度に厳密には少しずつ音質が低下していくアナログレコードではなく、何度再生させても音質が安定し、コピーしても情報が劣化しないデジタルCDのような特性を持っている。こういった文字の情報としての耐久性、またその複製の容易さが、安定した情報の蓄積を可能とし、書籍やコンピューターといった正確な「外部メモリー」の開発を可能としている。

もちろんこのような文字を基盤とした「外部メモリー」の発達は、それを取り扱える脳の容量や機能分化といったことと密接に関連しており、生物学的な人間の特性と切り離して考えることは難しい。したがって、「外部メモリー」を利用した情報蓄積も広義には「脳情報」として分類されるべきなのだろうが、より直接的には文字を利用した正確な情報の保存媒体を作り、その情報を改変していける科学のような知識体系を構築したことが重要な転換点であり、決定的であったと思う。実際、ホモ・サピエンスが成立して10万〜20万年経つと考えられているが、脳の容量も含め、生物としての人間の機能というのは、恐らくそう大きくは変化していない。しかし、人間を他の生物と際立って異なったものとして特徴付ける文明の発展は、文字が発明された数千年前、あるいは近代科学という体系が発達してきた19世紀以降に大きく速度を上げており、ハードウエアとしての「脳」そのものよりも、ソフトウエア的な情報システムの成立と成熟が人間を他の生物から区別できる存在にしたと言えるのではないかと思う。「脳情報」を着実に蓄積できるシステムの構築により、化学進化の中で核酸が出現した時のような、一種の相転移が起こったのだ。これが第二の情報革命である。

そして、この「革命」をターニングポイントとして、人類はその後の数千年の間に、これまでの生物史に例のない異様とも言える爆発的な発展を遂げることになる。一例として保有する情報量に着目すると、口頭伝承時代の一般的な口承文学では本にして1〜数冊程度の情報量であり、これが世代を超えて伝承可能な情報であった。しかし、紀元前7世紀に設立されたメソポタミア北部のアッシュールバニパルの図書館からは、3万点を超える粘土板が発見されており、紀元前3世紀に設立されたエジプトのアレクサンドリア図書館では、70万巻ものパピルス巻物が保管されていたという。文字の成立とともに、世代を超えて伝えられる情報の量が一気に増加していることが分かる。近代になるとそのスピードはさらに増加する。15世紀のヨーロッパで利用可能であった印刷物の出版点数は８５００点、データ量に換算すると０・０７TB（テラバイト）程度とされているが、米国カリフォルニア大学バークレー校のHow much information プロジェクトによると１９９９年には、印刷物の出版点数は６５００万点、データ量では５２０TBに達したと推定されている。さらに、インターネットに流れる映像や音声の情報を加えると、全世界の情報量は２１０万TBにも上り、単純に計算すると15世紀の約３０００万倍となった。そして、それからわずか８年後の２００７年では、年間あたり作成される情報量が2億８１００万TBになったと推定されている。１９９９年の１００倍以上である。驚異的な情報量の増加スピードと言える。

そして、その豊富な有用情報の蓄積を利用して、現在の人間は、生物の基本的な機能である感覚器、運動性、攻撃性、情報伝達などのすべてにおいて科学技術による補助機器を作り出し、１種の生物としては異様なまでに鋭い感覚器（顕微鏡、望遠鏡、ソナーなど）、驚異的な運動性（車、飛行機、鉄道など）、弩級の攻撃性（銃、刀剣、兵器など）、さらに世界の隅々まで張り巡らした情報伝達網（電話、インターネットなど）などを兼ね備える存在となった。このような地球における人類の有り様は、高度な脳情報の蓄積システムを持たないほかの生物とは明らかに一線を画している。これを生物進化と同列に扱って良いのかという点には異論もあろうが、第二の情報革命以降の人類は、たとえば細胞内に初めてミトコンドリアを得た生き物のように、あるいは組織化された初めての多細胞生物のように、それまでの生き物と何か少しフェイズが違う存在として、新しい生物史を刻み始めているような気がしてならない。

科学と生命に共通する情報システム

このように「外部メモリー」を含む広義の「脳情報」により科学を発展させてきた人類であるが、その過程における「脳情報」の蓄積様式は、生物進化におけるＤＮＡ等による「遺伝情報」のそれと驚くほど類似している。その本質的な共通点とは「情報の保存」と「情報の変革」を両輪として有用な情報を蓄積していくシステムを作り上げていることである。これについて有名なオズワルド・アベリーの実験を例にとって、もう少し具体的な説明を試みたい。

現在ではＤＮＡが遺伝物質として、生物の形質を支配することが分かっているが、これを示す決定的な証拠を提出したのは、１９４４年に The Journal of Experimental Medicine 誌に発表された肺炎レンサ球菌を用いたアベリーの実験だと言われている。肺炎レンサ球

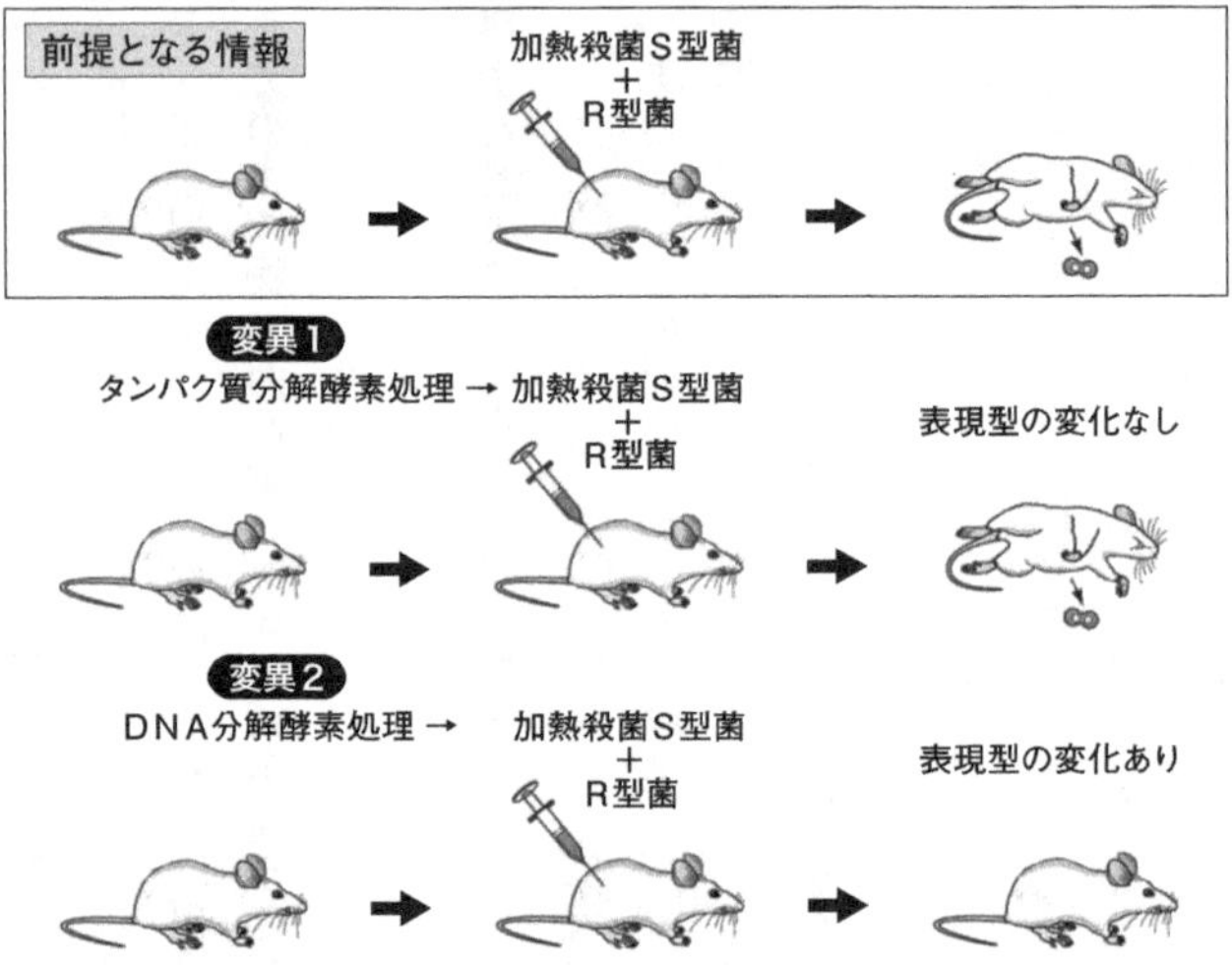

図34　アベリーの肺炎レンサ球菌実験に用いられた「変異」とその評価

菌にはマウスに病気を起こすS型と起こさないR型が存在するが、加熱殺菌したS型菌と生きているR型菌を混ぜると、R型菌が病気を起こす病原型へと変化することがすでに分かっていた(図34)。このことから肺炎レンサ球菌は液体培地を介して「遺伝物質」をやりとりすることが可能であり、それにより新しい遺伝形質の獲得が起こると考えられていた。その「遺伝物質」の正体が、興味の焦点である。アベリーの行った実験のエッセンスは単純で、加熱殺菌したS型菌にタンパク質分解酵素とDNA分解酵素を処理し、「遺伝物質」がどちらの酵素で分解されるのかを調べたのだ。その結果、タンパク質分解酵素で処理したものは、R型菌を病原性にする能力を維持していたが、DNA分解酵素で処理したものは、R型菌の形質を変える能力を失っていた。このことから「遺伝物質」の正体がDNAだと結論づけた。これが有名なアベリーの実験の概要である（実際の論文では、ここで紹介した酵素化学的な実験のみでなく、「遺伝物質」の物理化学的あるいは血清学的解析などを同時に行い、慎重にこの結論を導いている）。

このアベリーの実験を情報という観点から整理すると、三つの要点がある。一つ目は、前提情報の保存である。この実験の重要な前提情報となるのは、加熱殺菌したS型肺炎レンサ球菌をR型菌に混ぜると、R型が病気を起こす病原型へと変化するということである。これはアベリーの実験が発表される15年ほど前に、フレデリック・グリフィスによって明らかにされたことである。この情報がきちんと保存され伝達されていること、当たり前のようだが、そのことが第一の要点である。第二点目は、変異の創出である。アベリーは、この情報を前提として、グリフィスの実験で用いられた「加熱殺菌S型菌」に、二つのちょっとした変異を与え、「タンパク質分解酵素処理した加熱殺菌S型菌」と「DNA分解酵素処理した加熱殺菌S型菌」を作成した（図34）。これまでに成功している事例に変化を与えて、バリエーションを作り出すということだ。その結果、「タンパク質分解酵素処理する」という変異は既知の結果に変化を与えなかったが、もう一方の「DNA分解酵素処理する」という変異では、生きたR型と混ぜても病原型へ変わらなくなるという変化が起きた。そして、三つ目のポイントは、この情報の変異によりできたバリエーションの評価ということになる。DNAの場合は、情報の保存ベクトルによる「淘汰」がこの評価にあたることを第4章で述べたが、科学の場合は、その「淘汰」を知性を持つ人間が行い、良い情報を保存し役に立たない情報を捨てるという人為的な取捨選択が行われることになる。上の例で言えば、DNA分解酵素で処理するとR型が病気を起こせなくなることから、R型を病原性にした物質の正体はDNAだという結論が得られ、その情報が保存されていくことになる。この情報の流れ、蓄積の様子は図23（113ページ）に示した「前提となる記録情報」→「変異による情報バリエーションの創出」→「保存作用によるバリエーションの評価」→「新たな記録情報の誕生」というものと基本的には同一である。

科学では、情報の変革であるバリエーションの創出は、その多くが人間の創意によって行われる。科学の発展が生物進化より圧倒的にスピードが速いのは、この変異の創出を偶発的なエラーのみに頼るのではなく、自ら積極的に創作して試していくところにあると思う。そして現在の科学では、情報の保存は論文や著書、あるいはコンピューター上のデータベースのような形で、蓄積されていくことがシステムとして確立されており、創意に基づくものであれ、エラーに基づくものであれ、有用な情報であれば蓄積されていくことになる。このような情報蓄積のサイクルを繰り返すことにより、保有する情報の有用性が徐々に向上していくことになる。

ここまでの話を煎じ詰めると、生物や科学が採用してきた「情報の保存」によりこれまでの成果を生かしつつ、そこに「情報の変革＝変異」を与えて、漸進的に小さな有用情報を繰り返し生み出し続けるというやり方は、結局、この地球上に存在する最も成功した物事を発展・展開させる情報蓄積の戦略ということではないかと思う。そして、その結果として、「DNA情報」を用いた生命は地球上で最も繁栄した存在となった。さらに科学・文明は、新たに「脳情報」を用いることにより、生命システム上で二次的に発生した上位の相似現象となっており、生物進化をより加速した形で発展・展開を続けていると考えられるのではないだろうか。

「過ち」と「非調和性」

類似した情報蓄積の様式を持つ「生命」と「文明」に共通する重要な特徴は、発展・展開していく現象ということであり、何より特筆すべきは、それらがそれまでにはなかった「新しいもの」を作り出す能力を持っていることである。水の中でポヨポヨと泳いでいた単細胞のバクテリアや原生生物が、たとえば、いつの日か翼を持ち空を飛ぶ生き物や核兵器まで作り出すような存在を生み出すことなど、どうして想像できたろう。そして、科学もそうである。ようやく火を操れるようになり青銅器を作ったり、夜空の星をつなげて星座を作っていた頃に、たとえばテレビのような自然界にモデルのない技術や時空間が歪むといった概念を生む相対性理論のようなものが将来出てくることに思いを馳せることなど、どうしてできたろう。生命にも文明にも、現状からの単純な帰納的推論だけでは予測不能な「進化」を生み出す能力があるのだ。

先に、科学における「進化」の源泉となる「変異」は、基本的に人の創意によって生み出されると書いた。それは常識的には穏当な表現かもしれないが、歴史をつぶさに紐解けば、科学の発展や社会の変革を生む「変異」には、人間の計画や工夫といった創意だけではない、「それ以外の要素」が実は大きな役割を果たしてきたのではないかという思いもする。本章の最後にやや余談にはなるが、そのことについて、生命の情報戦略との共通性に着目して述べてみたい。それが本項の見出しともなっている「過ち」と「非調和性」である。

生命の根源的な特徴の一つである「情報の変革」、すなわち遺伝子変異の源の一つが「エラー」であることは先に述べたが、興味深いことに科学の歴史においても、「エラー」

はしばしばノーベル賞級の発見につながっている。古い例で有名なのは、1945年に抗生物質の発見でノーベル生理学・医学賞を受賞したアレクサンダー・フレミングであろう。フレミングはブドウ球菌を研究していたが、その培養に失敗し、培地の中に青カビを発生させてしまった。当然、ブドウ球菌の実験は失敗したが、フレミングが偉大だったのは、その失敗したシャーレをよく観察し、青カビの周囲だけブドウ球菌が繁殖していないことに気づいたことである。このブドウ球菌の繁殖を阻害する物質の正体こそが、ペニシリンであった。ペニシリン、すなわち抗生物質の発見は、エドワード・ジェンナーによる牛痘ワクチン[*44]の開発と並んで、近代医学史上に燦然（さんぜん）と輝く偉業であり、これにより細菌感染症の治癒は劇的に改善した。実際、抗生物質が一般的になった1950年くらいを境として、それまで恐怖の病であった赤痢・結核・コレラなどの死亡率は急速に低下し、治癒可能な病気となった。これもフレミングがルーチンワークであるブドウ球菌の培養に失敗したことに端を発しているのだ。

より近年では、伝導性ポリマーの開発により2000年にノーベル化学賞を受賞した白川英樹の例がある。伝導性のポリマー開発の鍵となったポリアセチレンの重合反応は、その実験を指示された留学生が、それまで定法であったチーグラー・ナッタ触媒[*45]に用いられた触媒濃度の「m（ミリ）」の文字に気づかず、1000倍量加えてしまったという偶然のミスから得られたデータが元になり、開発に成功したという。

また、2002年に質量分析におけるタンパク質の気化・イオン化技術の開発で、ノーベル化学賞を受賞した田中耕一は、その技術開発の途中で、保持剤のアセトンと間違えてグリセリンをコバルトに混ぜて実験してしまう。アセトンとグリセリンを使ったことがある人ならすぐに分かることだが、この二つの液体の性質は大きく異なり、田中もすぐにその間違いに気づいたという。しかし、田中が凡人と違ったところは、間違ったことに気づきながらも、そのまま実験を続けて、どんな結果が出るのか試した点である。その結果、レーザー照射によるタンパク質の分解を避けてイオン化するという目的の結果が得られることが分かったのだ。田中はこのミスを称して「生涯最高の失敗」と述べている。

もちろん一般的に言えば、人の営みに伴う無数の「過ち」は単なる失敗として終わっており、失敗から大発見がなされた先のような事例は、むしろそれに携わった人の慧眼や注意深さに依存した例外的なものと考えるべきだろう。しかし、そうではあっても、なお科学史上の偉大な発見のいくつかが「過ち」を元になされているという事実に、私は何か感慨を抱かざるを得ない。人の創意によって生み出される変異は、人の予想から出るある種の方向性を多くの場合持っており、それが結果として「変異の幅」を狭くしている。偶発的なエラーは、多くの「無駄」を含むものの、人の計りを超えた「幅」を持っており、それが時に大きな「幸運」をもたらす。そして生物進化がそうであるように、人類もその「幸運」からもたらされた情報を着実に蓄積し、科学とそれを用いた文明を発展させてきたのではないだろうか。

史上初めて将棋の七つのタイトルを独占した羽生善治十九世名人が、「将棋史上最強の棋士」と著書で述べているのが、大山康晴十五世名人である。近年の棋士は、将棋を読みや技術の勝負と捉える風潮にあるが、大山名人は偶然の入り込む余地の少ない将棋といえど、それをあくまで人間と人間の勝負と捉えていた。色紙などには「忍」の文字を好んで揮毫し、不利な将棋も決して諦めず、簡単に負けない粘り強い手を連発して、相手のミスをじっと待つ「忍ぶ」将棋が持ち味であった。その大山名人の勝負哲学が、「人間は必ず間違える」だった。

このような「脳情報」の担い手である人間の「過ち」を犯す特性、別の観点から言えば、同一の規則性の中にずっと留まっていられないような性質が、「脳情報」を発展させ文明を築いていくために、実は重要な要素であったのかもしれないと思う。人間と機械の大きな違いがこの「過ち」を起こす頻度であり、個人差はあるのだろうが、どんな人間も同じ作業を間違わずに延々と繰り返すようなことは不可能である。脳情報における記憶の不確かさに加え、むらっ気のような、「ちょっとこんなこともやってみよう」というような「ゆらぎ」が人の中にはあり、それらが時に「過ち」につながる。そんな形質がどうして人間の性質として存在しているのだろうか？ と思う。それはあたかもＤＮＡの複製過程でエラーが起きるように、「脳情報」が発達した人類の中で、それを発展させるものとして、「過ち」を犯す遺伝子が保存されているということなのだろうか？ あるいは、それは「生命」という情報システムの特性に由来するものとして、どんな生物も等しく同じ性質を有しているのだろうか？ 「人間は必ず間違える」という大山名人の達観は、この文脈で避けがたく正しかったのかもしれない。

そして、筆者がもう一つ、生命あるいは文明に新たな形を与える上で大切に思う要素がある。それが「非調和性」である。それは全体の調和から切り離された「独立性」のようなものであり、より平易な言葉にすれば、全体の調和を考えない「わがままさ」とも言えるのかもしれない。この例として、筆者の専門領域でもあるトランスポゾンのことを少し紹介したい。第4章で少し触れたが、トランスポゾンとは、ゲノム上を動き回る遺伝因子であり、一定の長さを持ったＤＮＡ配列が、もともと存在していたゲノム上の位置から飛び出し、ほかの場所へ移動して近傍の遺伝子発現を制御するということから発見された。このような特定のＤＮＡ配列がほかのゲノム位置に移動する現象は「転移」と呼ばれ、トランスポゾンは転移因子とも称される。「転移」には、大きく分けて2種類のものがあり、一つはDNA配列が文字通り移動するもので「カット&ペースト」型の転移と呼ばれる。もう一つはもともとあったDNA配列がコピーを作り、そのコピーが新たな場所へと移っていく「コピー&ペースト」型と言われるものであり、この型の転移は1回転移が起こるとゲノム上の因子の数が一つ増えることになる。この型の転移の場合、因子の活性が高くなり転移が活発になると、理論上、どんどんそのコピーがゲノム上で増えていくことになるが、そんなことをして大丈夫なのだろうか?

2009年の『サイエンス』誌にトウモロコシのゲノム配列解析結果が掲載されたが、それによると、なんとゲノムの85%もの領域がそういった数々のトランスポゾンとその残骸、また類似の因子などで埋め尽くされていることが明らかとなった。とても「大丈夫」とは言えない状況のように見える。トランスポゾンは、因子の性質にもよるが、概して言えばランダムに転移を起こすと考えられており、転移先に重要な遺伝子があろうがなかろうが、お構いなしである。時には、重要な遺伝子の真ん中に飛び込み、その遺伝子を破壊してしまう。言うまでもなく、因子はその複製を宿主のゲノム複製に乗じて行っており、ゲノムに寄生しながらゲノムを破壊する存在となり得るのである。トウモロコシのゲノムは、そんなゲノムの「ならず者」によってその大部分が占領されてしまっている。

近年、多数の生物種でゲノム解析が進んでいるが、高等動物、高等植物の多くで程度の差こそあれど、実はトウモロコシと似たような状況であることが分かってきている。実際、ヒトゲノムもその45％程度の領域は、トランスポゾンもしくはそれに類似した「ならず者・寄生者」たちによって占領されている。このような「寄生者」がどうしてここまで増えてしまったのか、いくら「変異」を生む要因といえども、このような「ならず者」の度を越した増加はゲノムにとって害以外の何物でもないのではないのだろうか？　実際、そのような「寄生者」をほとんど排除してしまっている生物種も存在しており、トランスポゾンなど生物に不要だという説も存在する。こういったことから、これらの「寄生者」たちは、ただ自分たちが増えるだけで、生物ゲノムにとっては本来不要で邪魔なガラクタ、Junk DNA（ガラクタDNA）と長い間、呼ばれてきた。

しかし、米・英・日などの一線級の研究機関による大型国際プロジェクトＥＮＣＯＤＥから、２０１２年に『ネイチャー』誌に発表されたヒトゲノムの大規模な遺伝子解析の結果は、これらの「ガラクタ」たちがこれまで思われていた以上にヒトゲノムの進化に役立ってきたことを示唆していた。やや専門的にはなるが、要点を説明したい。ゲノムＤＮＡから、遺伝情報が発現されるためには、ＲＮＡに転写されることが必要であるが、ＥＮＣＯＤＥプロジェクトでは日本の理化学研究所が中心となって、ゲノム上のＲＮＡ転写開始地点の網羅的な解析が行われた。その結果、ヒトＲＮＡの18％は、そういった寄生者たちに由来する配列を利用して転写を開始していたことが明らかとなった。ＲＮＡを作る領域を「遺伝子」と呼んで良いのなら、ヒトの「遺伝子」のうち、約２割は寄生者のおかげで発現可能となったということになる。比較ゲノム解析[*46]からは、ヒトゲノム上の約１万ものトランスポゾン配列が、進化の過程で強く保存されており、これらが生存に有利なものとして残されてきたことも示唆された。結局、同プロジェクトによりヒトゲノムの80％の領域はなんらかの機能があるとされたが、先に書いたようにヒトゲノムの45％程度は「寄生者」たちに由来する配列からできており、その大半がヒトの正常な遺伝子発現に実は必要であったということを意味している。これらの結果は、こういった「寄生者」たちに由来するＤＮＡ配列がすでにゲノムと一体化しており、ヒトにおける複雑な遺伝子発現制御に不可欠な要素となっていることを示していると言えるだろう。『サイエンス』誌は、このＥＮＣＯＤＥプロジェクトによる発見を評して、「ENCODE project writes eulogy for Junk DNA（ＥＮＣＯＤＥプロジェクトは、ガラクタＤＮＡに『追悼の』賛辞を贈った）」とした。

こういったゲノムの寄生者たちは、予定調和的に必要な場所に転移を起こし、ゲノム上で遺伝子を制御する配列となっていったわけでは、おそらくない。むしろ、彼らはそのならず者的な性格から、細胞維持に必要な遺伝子発現のような「日常の営み」からは独立して、気ままに転移を繰り返したに過ぎない。その過程では、重要な遺伝子を破壊し、多くの細胞を死に至らしめてきたことだろう。細胞を維持する遺伝子発現は、多くの因子が相互作用し、周囲の状況からのフィードバックを受け、適切に制御されている巨大なネットワークである。お互いがお互いの顔色を窺いながら、全体としてうまくいくように調和を目指すシステムと言える。しかし、トランスポゾンは、そういった調和的な遺伝子ネットワークからは独立しており、他人の都合などまったくお構いなく転移を繰り返すのだ。しかし、そんな身勝手な因子が、結果として、ヒトゲノムの非常に重要な構成要素となっている。

この話を書いていて筆者が思い出すのは、夏目漱石の『道楽と職業』という講演録である。少し長くなるが以下に抜粋して引用する。

「およそ職業として成立するためには何か人のためにする、すなわち世の嗜好に投ずると一般の御機嫌を取るところがなければならないのだが、本来から云うと道楽本位の科学者とか哲学者とかまた芸術家とかいうものはその立場からしてすでに職業の性質を失っていると云わなければならない。(中略)科学者哲学者もしくは芸術家の類が職業として優に存在し得るかは疑問として、これは自己本位でなければとうてい成功しないことだけは明かなようであります。なぜなればこれらが人のためにすると己というものは無くなってしまうからであります。ことに芸術家で己の無い芸術家は蟬の脱殻同然で、ほとんど役に立たない。自分に気の乗った作ができなくてただ人に迎えられたい一心でやる仕事には自己という精神が籠るはずがない。すべてが借り物になって魂の宿る余地がなくなるばかりです。（中略）芸術家とか学者とかいうものは、この点においてわがままのものであるが、そのわがままなために彼らの道において成功する」

この夏目漱石の言は、芸術や学問の本質的な一面を鋭く指摘したもので、こういった「新しいもの」を生み出すことが要求される分野における、他者との関連性から独立した「個」の自我のようなものの大切さが強調されている。その時点の社会に直接的に役に立つこと、あるいは日常の生活を支配しているルールや論理の枠に収まること、そういった自分の周囲にあるさまざまな関係性から独立し、切り離されることが、新しい地平を生む力となることを夏目漱石の言は説いているのではないだろうか。ニュートンの偉大な業績の陰には、彼の巨大な「孤独」があったのだろうかと、ふと思う。

また、人類の歴史を振り返れば、芸術や学問に限らず、自己の純粋な情熱や欲求に基づいた「わがまま」な行動が、時に偉大な財産を人類全体に与えることになっている。たとえば、ピラミッドにしても、秦の始皇帝陵にしても、タージ・マハルにしても、権力者の純粋な欲望により具現した構造物である。何万人もの奴隷や人夫を動員し、時には彼らの命が失われるようなことがあっても、自らの、あるいは自分の愛する者の墓廟を作るというようなことは、調和的な思考からは、とてもできない所業である。「無駄」も「調和」も意識しない純粋な欲望が、それらをこの世に生み出したのだ。しかし、その「わがまま」は、今や全人類の貴重な遺産となり、観光資源として、その子孫たちに大きな富を生むものとなっている。巨大な「わがまま」が世界に一つの「新しい形」を与えたのだ。

変異が生命に進化をもたらしたように、「過ち」や「非調和性」といった人の特性も、時として文明に進歩や豊かさをもたらす原動力となったのだろう。しかし、言うまでもなく、そういった「わがままな」、あるいは「誤った」振る舞いの多くは、日常生活においては単なる「無駄」や「無謀」である。それらが過剰となれば、社会を疲弊させ、その生産性やシステムの継続性に支障をきたし、最悪、システムの崩壊、そして無秩序なカオスへと導く。ここにも生命における「情報の保存」と「情報の変革」とよく似た相反するベクトルの相克がある。このような構図は、実は人間の文明が持つ芸術や武道やその他、ありとあらゆる分野に存在している。伝統を守りながら変革を取り入れることで、多くの文化や芸術が発展してきた。しかし、保守が過ぎると「熱」を失いマンネリに、そして革新が過ぎるとカオスとなっていくのは、一部の伝統芸術や先鋭芸術の例を引くまでもなく、多くの事例があるだろう。

こうした同じサイクル、同じリズムのようなものが、人間の作った文明のあちらこちらに見られるというのは、私たちの「生命」、ＤＮＡが刻むリズムに、それらが由来するからだろうか？　それとも、この世界において、何かの事象が発展・展開するためには、一種の理（ことわり）のようなものがあり、どんな発展する事象も同じような性質を持たざるを得ないということなのであろうか？　そして、本書で強調されるべきは、もしそのような物事を発展させる理があるのなら、ＤＮＡを代表とする核酸にはそのサイクルを展開できる仕組みが、その分子構造に由来して元来のものとして備わっているということなのである。

注釈

＊41 **ミーム** ドーキンスが著書『利己的な遺伝子』で提唱した脳から脳へと伝わる文化・概念の単位。文化や概念が、人から人へとコピーされ、またその中で変容して新たな形の文化や概念が出てくることが、生物における遺伝子の振る舞いと類似していることから、遺伝子（gene）と対比させた言葉としてミーム（meme）と名づけられた。

＊42 **ヒエログリフ** 古代エジプトで使われた象形文字の一種。フランスのシャンポリオンによるロゼッタ・ストーンの研究から、19世紀になって解読された。

＊43 **ホモ・サピエンス** 人間の学名（*Homo sapiens*）であり、人間のことを指す。ラテン語のHomo（人）とsapiens（知恵のある）という言葉に由来する。

＊44 **牛痘ワクチン** 18世紀末にエドワード・ジェンナーが開発したヒトの天然痘に対するワクチンを指す。ウシに牛痘を起こすウイルスと天然痘ウイルスがきわめて近縁であったことから、この牛痘を接種（種痘）することで、天然痘を予防することができた。現在の各種ウイルス病に対する予防接種の最初の例とされる。

＊45 **チーグラー・ナッタ触媒** エチレンなどの通常はガス状の化合物を常圧で重合させポリマーに変換する反応の触媒。チタンハロゲン化合物と有機アルミニウムから構成されており、プラスティックなどの生産に大きく寄与した。その功績で、カール・チーグラーとジュリオ・ナッタが1963年にノーベル化学賞を受賞した。

＊46　**比較ゲノム解析**　異なる生物種間でゲノムの構造や機能を比較し、生物の進化や多様性についての基礎データを得る解析手法。近年では、全ゲノムを対象とした比較ゲノム解析も多く行われている。

終章

絡み合う「二本の鎖」

無極にして太極なり。太極動きて陽を生ず、動くこと極まりて静。静にして陰を生ず。静なること極まりて復た動く。一動一静、互いにその根となる。（太極図説）

陰と陽

世界開闢に関する物語は、世界各地にたくさん存在するが、西洋文明の精神的バックボーンである聖書やギリシャ神話でも、我が国の『日本書紀』でも、またその起源とされる中国の『淮南子』でも、おもしろいことにその大筋は共通している。そこでは最初に混沌（カオス）があり、そこから対立する二つのもの、光と闇、陰と陽、あるいは天と地が生まれ、この世界が始まったとされている。古から人が自然を観察し、世界の有り様、森羅万象を、より良く理解し説明するための方策として、こういった対立する二つの要素の存在を仮定する考え方は、世界中に多く存在している。その中でも古代中国では、この二元論を高度に発展させた陰陽論が生まれ、さらに万物は木・火・土・金・水

図35　古代中国の思想に端を発する陰陽論を視覚的に表した陰陽太極図

の5種類の元素からなるという五行思想と合わさって有名な「陰陽五行説」へと統合されている。

陰陽論では、世界を対立する二元「陰陽」に還元し、動・軽・剛・熱・明などの属性を持ち、能動的・攻撃的・昂進的状態に傾いているものを「陽」、静・重・柔・冷・暗などの属性を持ち、受動的・防衛的・沈静的状態に傾いているものを「陰」で表す。誤解されやすい点であるが、陰陽論の二元はどちらが良いとか悪いとかいうものではないため、この世に存在するものを、たとえば、神と悪魔に分けるような、善悪二元論とは、根本的に異なっている。

陰と陽は、互いに対立・制約する性質を持ってはいるが、同時に互いに依存して単独では存在し得ないとされている。そして、この二つは『陰陽道』の言葉、「陽極まれば陰となし陰極まれば陽となす」のように、相互に消長することによって循環し、互いに働き合うことで新しい発展を生み出すという。これが陰陽論の骨子である。

図35はこの陰陽論を視覚的に表した太極図（陰陽魚太極図）と呼ばれるものだが、黒色は「陰」を表し右側で下降するベクトルを、また、白色は「陽」を表し左側で上昇するベクトルを象徴している。「陰」は下方で、また「陽」は上方で広がっているが、これはそれぞれのベクトルがその方向で徐々に盛んになっていく様子を表している。しかし、それが

最高に達する円の最上点・最下点では逆のベクトル、すなわち最上点では「陰」が、最下点では「陽」が始まっており、陰が極まれば陽に変じ、陽が極まれば陰に変ずることを象徴しているという。また、白の中に存在する小さな黒丸や黒の中に存在する小さな白丸は、「陽」の中にも「陰」の要素があり、「陰」の中にも「陽」の要素が存在していることを示している。

陰陽二元論とDNA

このような陰陽論の世界観が、ここまで述べてきた「生命」を支えている情報システムの構造とよく符合しているのは、単なる偶然として良いのか、驚いてしまう。あまり科学的な話とは言えないかもしれないが、生命の継続の基盤となる正確な情報の保存は、言うなれば「陰」の働きであり、そこに変異を与え情報を変革していくのは「陽」の力である。陽の力が働き、新たに機能を獲得した生物種ができれば、今度はそれが新たな「陰」となり安定してその新しい形質を持った子孫を作り出す。しかし、環境の変化などが起こり、そのままではその種の継続が難しくなれば、その新しい「陰」を基盤として、また「陽」の力による変化がもたらされる。その動きは同じフェイズが繰り返して現れるものの、同じ場所をクルクル回る円運動ではなく、1サイクル回る毎に少しずつ異なった場所へと「生命」を運んでいく、いわば螺旋状の動きである。陰陽論に生物進化を重ね合わせれば、この「陰」と「陽」の螺旋状の動きにより、生命の発展、すなわち進化が起こっていくと考えることができる。

その生命進化の物質的基盤となっている核酸の姿も、また陰陽的である。その代表である二本鎖DNAを例に話を進めると、それを構成する二つの相補鎖は、物理的な凹凸などで考えると相反する性質を有しながらも、相互に依存して複製し、お互いの存在を支えている。どんな核酸分子も、その複製の過程では必ず相補鎖を必要とし、それ単独では存在し得ない「陰」と「陽」に共通する性質を持っている。さらに不均衡進化論によれば、その片側の鎖からはエラーの少ない親に忠実なコピー、すなわち「陰」を担う子孫が、またもう一方からはより変異に富んだコピー、すなわち「陽」を担う子孫が、その不均衡な複製の機構に起因して生じてくるという。本書でここまで述べてきたように、生命は自己の情報をきっちりと保つという「陰」のベクトルと自己の持つ情報を変革するという「陽」のベクトルを持ち、その両方を進化の両輪として発展を続けてきた。その両者が、ある時は陰となり、ある時は日向となり、お互いがお互いを支え、「生命」という現象を生み出してきたのだろう。この二つのベクトルを生む二本の鎖が、螺旋の形で絡み合い、がっちりと手を結び、我々の細胞の中に存在し「生命」の源となっている。実に象徴的な姿に映る。

かつて『生命の起源』を著したフリーマン・ダイソンは、インタビューに答えて生命の化学進化について興味深いことを述べている。それは物質から生命が生まれてくる過程には、宇宙の持つ二つの側面、「荒々しさ」と「静けさ」が必要だったということだ。生命の原材料やエネルギーを手に入れるためには、爆発や隕石の衝突などの荒々しい出来事が必要だが、生命が自己組織化するためには、「静けさ」の状態が長く続く必要があり、この両方が交互に訪れることが生命を形成する上で大切だったと述べている。この生命の誕生を可能とした宇宙の二つの状態も、また陰陽的であり、あたかもフラクタルのように、そのリズム、その調べが今も自然界の至るところに、また生命の中にも内包されているというのは、比喩としてもちょっと感傷的すぎるだろうか?

我々の存在の源となる二本の鎖。そのDNAのモデルはシンプルで美しい。その中に宇宙開闢以来のリズムが流れている。もはや「科学」とは呼べないのだろうが、そんな話を夢想するのも、まんざら悪い気分はしないものである。

あとがき

私は大学生の時に、古澤巖先生（元京都大学副学長）の下で、植物ウイルス学を学んだ。そのことは、本書に二つの大きな影響を与えている。一つは、その時、材料として扱っていた植物ウイルスが、一般的には非生物として表現されることに大きな違和感を抱き続けるようになったことである。個人差はあるのだろうが、ウイルスを研究材料にしている研究者は、ウイルスを「生き物」だと考えている人が多いように思う。それは実際にウイルスを身近に感じている人間の体感のようなものである。私も、このように子孫を残し、環境に応答し、進化する存在が、どうして生物と扱われないのか？　一体、生物とは何だろう？　という問いに向き合わざるを得ない環境に置かれた。これが一つである。

もう一つは、古澤巖先生が、本書で大きく取り上げた「不均衡進化論」の提唱者である古澤満先生の実弟であったことである。そのご縁で、私が博士課程の学生だった時に、古澤満先生のセミナーを直に聞く機会に恵まれた。それから特段の接触もなく、すでに20年以上の月日が流れたが、そのご講演の内容は今も鮮明に憶えている。ドーキンスの言葉を借りれば、そのセミナーで古澤満先生により私の脳にミームが植え付けられたのだ。

そのミームは、私の中ですぐに動き始め、勝手な方向に増殖することになる。当時、私は東洋医学に興味を持ち、整体や気功といった技能を持った人たちと交友関係があったのだが、その中で学んだ陰陽論とそのミームが反応した。

「これって、結局、一緒のことじゃないのだろうか？」

その出会い、その思いが、本書の原点である。アメリカのフロリダにある六つのテーマパークを持ったディズニーワールド（あるいは日本のディズニーリゾートでも）に長く滞在していると、あちらこちらに隠れミッキーが配されていることなどもあって、見るもの、見るものすべてが「あの形」に見えてくるという話を聞いたことがあるが、それからの私も、世界のすべてに「その形」を見るようになっていった。そう思って探せば、この世界には「隠れミッキー」のように、いくつもいくつも「その形」が隠されているのだ。重度のディズニーフリークは森羅万象に（タコ焼きを見ても、千円札を見ても）ミッキーを見出すという話もあり、私のそんな「発見」もサイエンスというより与太話のレベルではあったのだろうが、いつかそんな話を本にできたら、という気持ちをぼんやりと持つようになっていった。しかし、普通の大学院生にとって、書店に並ぶような本を書くというのはあまり現実感のない夢物語であり、そこへ向かう具体的なイメージもないまま、馬齢を重ねること早20年余である。ただ、「いつか本を書けたら」という思いは、ずっと忘れなかった。

今やろう、と思い立ったのは、一昨年（平成24年）末のことである。意外に思われるかもしれないが、理系の研究者にとって、専門家向けの書物や論文を書くこととは違い、こういった幅広い一般読者を対象とした書籍を書くことは、必ずしも本業に則したものと理解されない傾向がある。論理性が重要な自然科学では、読み物としての面白さより、ディテールの正確さが遥かに大切であり、第三者による厳密な査読を受けていない出版物は、まともな業績に見なされないことも多い。口の悪い友人からは「なんでそんな本、書いてるの？　暇なん？」と言われる始末であった。しかし、明確には言語化されていないものの、「その形」を核として結晶が成長するように、あるいはその上に降り積もるように、自分の中に長い間溜まっていたものたちを、少しずつ吐き出しながら文字にしていく作業は、いったん始めてしまえば、次から次へと勝手に言葉が湧き上がるようで、論文や専門書を書くこととは、また種類の違った「熱」を得られる体験であった。このようにして誰に頼まれた訳でもなく原型が生まれた本書であるが、それを新書の中でも歴史と格式のある講談社現代新書から出版して頂ける機会を得たのは幸運としか言いようがないことであった。それに相応しい内容であることを願うばかりである。

本書の内容は、一冊の本として成立するように色々と枝葉を繁らせて書いてはいるが、煎じ詰めると二文になる。一つは、生命であれ文明であれ「発展する事象」の本質は、有用情報の漸進的な蓄積であるということ。そしてもう一つは、その漸進的な蓄積は、相反するベクトルを持つ二つの力の相克によって起こるということだ。この二つの要点と「生命とは何か」という問いとの関連性を中心に、また、読み物としても楽しめるよう、現在の生命科学の状況を伝える新しい知見も入れるようにして、本書は作られた。一般の読者にも専門家にも、それなりに楽しんで読んでもらえる内容にしたいと思って書いていたが、思ったような内容になっているのか、また引用等を含めた内容が適切か、読者の方々からのご批判を賜れれば幸甚である。本書に書かれた論がまっとうな批判を受けるに値するものであれば、それは著者の喜びである。機会があれば、適宜、加筆訂正や引用の追加を行いたいと思っている。

本書を出版するにあたり多くの方々からご助力とご示唆を頂いた。帯に使用した迫力のある素敵なイラスト（１９６ページにも掲載）はイラストレーターの織田紫乃さんに描いて頂いた。ギリシャ神話に出てくるヘルメスが持つ杖「ケリューケイオン」（ラテン語では「カドゥケウス」）をモチーフとしたもので、対峙する二匹の蛇が本書のテーマである「生命の相克」を表している。織田さんのアイディアで杖の本体に生物進化をイメージするレリーフを描き込んで頂き、本書にピッタリのイラストとなった。「まえがき」にあるオオツヅラフジのイラストも織田さんの作である。また、神戸大学の朴杓允先生、基礎生物学研究所の重信秀治先生、そして日本原子力研究開発機構の鈴土知明先生には、本書で使用している素晴らしい写真や図表をご提供頂いた。

常脇恒一郎先生、古澤巌先生、古澤満先生そして森垣憲一先生には、草稿の段階から査読頂き、多くの示唆を頂いた。特に常脇先生には、懇切丁寧な指摘を頂いた。また、同じ分子生物学の道にある弟、徹には、原稿の査読は言うに及ばず、若き時からさまざまな物の見方や考え方で刺激をもらった。本書のアイディアも弟との議論から生まれたものが少なくない。

本書が講談社現代新書から出版される運びとなったのは、私が米国コーネル大学に留学していた際に得た友人である大阪ガス・行動観察研究所長の松波晴人氏の力による所が大きい。氏には、本の企画書の書き方から丁寧にご指導頂いた。ちなみに氏は隠れミッキーにも造詣が深いことを申し添えておく。現代新書出版部部長の田中浩史氏には、ご多忙の

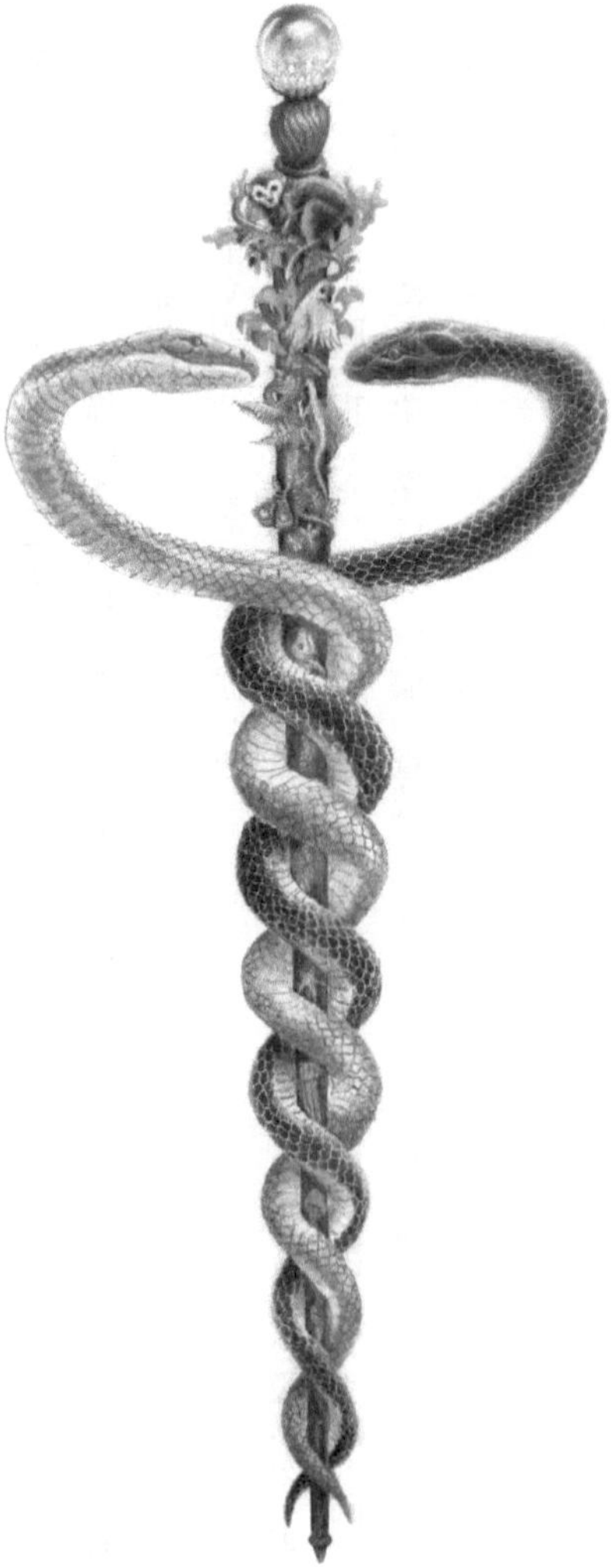

中、「無名の新人」の原稿に目を通して頂き、出版のチャンスを与えて頂いた。そして、担当をして頂いた講談社の編集者、高月順一氏には、本書の出版を通じて、多くの示唆と温かな励ましと、時に厳しい批判を頂いた。本というものは、著者と編集者の共同作業で作り上げていくものだということを実感させて頂いた。

これらお世話になった方々の一人でもいなければ、本書がこのような「形」を得て世に出ることはなかったであろう。この場をお借りして、衷心より感謝の意を表したい。

最後に、この出版を誰よりも喜んでくれるだろう父・宏と母・重子に、支えてくれた妻・加奈子に、そしてまだ意味も分からないだろう小さき二人の我が子に、本書を贈りたい。

参考文献

第1章

『生命とはなにか ―― バクテリアから惑星まで』リン・マーギュリス／ドリオン・セーガン（著）、池田信夫（訳）、せりか書房（１９９８）

Arslan D, Legendre M, Seltzer V, Abergel C, Claverie JM. (2011) Distant Mimivirus relative with a larger genome highlights the fundamental features of Megaviridae. Proc. Natl. Acad. Sci. USA. 108:17486-17491.

Fraser CM, Gocayne JD, White O et al. (1995) The minimal gene complement of Mycoplasma genitalium. Science. 270: 397-403.

Gibson DG, Glass JI, Lartigue C et al. (2010) Creation of a bacterial cell controlled by a chemically synthesized genome. Science. 329:52-56.

Glass JI, Assad-Garcia N, Alperovich N et al. (2006) Essential genes of a minimal bacterium. Proc. Natl. Acad. Sci. U. S.A. 103: 425-430.

La Scola B, Audic S, Robert C et al. (2003) A giant virus in amoebae. Science. 299: 2033.

Sagan L. (1967) On the origin of mitosing cells. J. Theor. Biol. 14: 255-274.

McCutcheon JP, McDonald BR, Moran NA. (2009) Origin of an alternative genetic code in the extremely small and GC-rich genome of a bacterial symbiont. PLoS Genet. 5, e1000565.

Nakabachi A, Yamashita A, Toh H et al. (2006) The 160-kilobase genome of the bacterial endosymbiont Carsonella.

Science. 314: 267.

Oldroyd GE, Murray JD, Poole PS, Downie JA. (2011) The rules of engagement in the legume-rhizobial symbiosis. Annu Rev Genet. 45:119-144.

Philippe N, Legendre M, Doutre G et al. (2013) Pandoraviruses: amoeba viruses with genomes up to 2.5 Mb reaching that of parasitic eukaryotes. Science. 341:281-286.

Raoult D, Audic S, Robert C et al. (2004) The 1.2-megabase genome sequence of Mimivirus. Science. 306: 1344-1350.

Shigenobu S, Watanabe H, Hattori M, Sakaki Y, Ishikawa H. (2000) Genome sequence of the endocellular bacterial symbiont of aphids Buchnera sp APS. Nature. 407: 81-86.

Spanu PD, Abbott JC, Amselem J et al. (2010) Genome expansion and gene loss in powdery mildew fungi reveal tradeoffs in extreme parasitism. Science. 330:1543-1546.

Van de Velde W, Zehirov G, Szatmari A et al. (2010) Plant peptides govern terminal differentiation of bacteria in symbiosis. Science. 327:1122-1126.

Zimmer C. (2011) The Alien in the Watercooler: Mimivirus. In》A Planet of Viruses》. Chicago: University of Chicago Press. pp89-94.

第2章

『謎の大寺 飛鳥川原寺』網干善教・ＮＨＫ取材班（著）、日本放送出版協会（１９８２）

『ブラインド・ウォッチメイカー――自然淘汰は偶然か?』リチャード・ドーキンス（著）、中嶋康裕・遠藤彰・遠藤知二・疋田努（訳）、日高敏隆（監修）、早川書房（１９９３）

『利己的な遺伝子』リチャード・ドーキンス（著）、日高敏隆・岸由二・羽田節子・垂水雄二（訳）、紀伊國屋書店（１９９１）

『種の起原』チャールズ・ダーウィン（著）、八杉龍一（訳）、岩波文庫（１９９０）

『自己組織化と進化の論理――宇宙を貫く複雑系の法則』スチュアート・カウフマン（著）、米沢富美子（監訳）、日本経済新聞社（１９９９）

Kumar S, Subramanian S. (2002) Mutation rates in mammalian genomes. Proc. Natl. Acad. Sci. USA. 99:803-808.

Pellicer J, Fay MF, Leitch IJ. (2010) The largest eukaryotic genome of them all? Botanical Journal of the Linnean Society. 164:10-15.

Roach JC, Glusman G, Smit AFA et al. (2010) Analysis of genetic inheritance in a family quartet by whole-genome sequencing. Science. 328: 636-639.

第３章

『不均衡進化論』古澤満（著）、筑摩選書（２０１０）

Ekland EH, Bartel DP. (1996) RNA-catalysed RNA polymerization using nucleoside triphosphates. Nature. 382:373-376.

Furusawa M, Doi H. (1992) Promotion of evolution: disparity in the frequency of strand-specific misreading between the lagging and leading DNA strands enhances disproportionate accumulation of mutations. J. Theor. Biol. 157:127-133.

Gago S, Elena SF, Flores R, Sanjuán R. (2009) Extremely high mutation rate of a hammerhead viroid. Science. 323:1308.

Miller SL. (1953) A production of amino acids under possible primitive earth conditions. Science 117:528-529.

Okazaki R, Okazaki T, Sakabe K, Sugimoto K, Sugino A. (1968) Mechanism of DNA chain growth. I. Possible discontinuity and unusual secondary structure of newly synthesized chains. Proc. Natl. Acad. Sci. USA. 59:598-605.

Oparin AI. (1924) The origin of life. Moscow worker publisher.

Smith JM. (1971) What use is sex? J. Theor. Biol. 30:319-335.

Wochner A, Attwater J, Coulson A, Holliger P. (2011) Ribozyme-catalyzed transcription of an active ribozyme. Science. 332:209-212.

第４章

『ワンダフル・ライフ――バージェス頁岩と生物進化の物語』スティーヴン・ジェイ・グールド（著）、渡辺政隆（訳）、早川書房（１９９３）

『エデンの恐竜』カール・セーガン（著）、長野敬（訳）、秀潤社（１９７８）

Kimura M. (1968) Evolutionary rate at the molecular level. Nature 217:624-626.

Hijri M, Sanders IR. (2005) Low gene copy number shows that arbuscular mycorrhizal fungi inherit genetically different nuclei. Nature. 433:160-163.

第5章

『タバコモザイクウイルス研究の１００年』岡田吉美（著）、東京大学出版会（２００４）

Ferris JP, Hill AR Jr, Liu R, Orgel LE. (1996) Synthesis of long prebiotic oligomers on mineral surfaces. Nature. 381:59-61.

Fraenkel-Conrat H, Williams RC. (1955) Reconstitution of active tobacco mosaic virus from its inactive protein and nucleic acid components. Proc. Natl. Acad. Sci. USA. 41:690-698.

Fujita M, Yazaki J, Ogura K. (1990) Preparation of a macrocyclic polynuclear complex, [(en)Pd(4,4'-bpy)]4(NO3)8 (en = ethylenediamine, bpy = bipyridine), which recognizes an organic molecule in aqueous media. J. Am. Chem. Soc. 112:5645-5647.

Fukuda M, Okada Y. (1987) Bidirectional assembly of tobacco mosaic virus in vitro. Proc. Natl. Acad. Sci. USA. 84:4035-4038.

Lohrmann R, Orgel LE. (1976) Template-directed synthesis of high molecular weight polynucleotide analogues. Nature. 261:342-344.

Mansy SS, Schrum JP, Krishnamurthy M, Tobé S, Treco DA, Szostak JW. (2008) Template-directed synthesis of a genetic polymer in a model protocell. Nature. 454:122-125.

Mishra, S.R. (2004) Virus and Plant Diseases. Discovery Publishing House, Grand Rapids, USA

Namba K, Caspar DL, Stubbs GJ. (1985) Computer graphics representation of levels of organization in tobacco mosaic virus structure. Science. 227:773-776.

Ricardo A, Szostak JW. (2009) Origin of Life on Earth. Scientific American 301:54 -61.

Schwartz AW, Orgel LE. (1985) Template-directed synthesis of novel, nucleic acid-like structures. Science. 228:585-587.

Shannon CE. (1948) A mathematical theory of communication. Bell System Technical Journal 27: 379-423.

Sun QF, Iwasa J, Ogawa D, Ishido Y, Sato S, Ozeki T, Sei Y, Yamaguchi K, Fujita M. (2010) Self-assembled $M_{24}L_{48}$ polyhedra and their sharp structural switch upon subtle ligand variation. Science. 328:1144-1147.

第6章

『ニュートンの海 ―― 万物の真理を求めて』ジェイムズ・グリック（著）、大貫昌子（訳）、日本放送出版協会（２００５）

『夏目漱石全集10』夏目漱石（著）、ちくま文庫（１９８８）

『情報選択の時代』リチャード・S・ワーマン（著）、松岡正剛（訳）、日本実業出版社（１９９０）

『決断力』羽生善治（著）、角川書店（２００５）

Avery OT, MacLeod CM, McCarty M. (1944) Studies on the chemical nature of the substance inducing transformation of pneumococcal types. Induction of transformation by a desoxyribonucleic acid fraction isolated from Pneumococcus type III. J. Exp. Med. 79:137–158.

The ENCODE Project Consortium (2012) An integrated encyclopedia of DNA elements in the human genome. Nature. 489:57-74.

Nakayashiki H. (2011) The Trickster in the genome: contribution and control of transposable elements. Genes Cells. 16: 827–841.

終章

『陰陽五行説——その発生と展開』根本幸夫・根井養智（著）、根本光人（監修）、薬業時報社（１９９１）

『ダイソン生命の起原』フリーマン・ダイソン（著）、大島泰郎・木原拡（訳）、共立出版（１９８９）

「フリーマン・ダイソン『最初の生命』への探究　特別インタビュー」Newton　２００７年３月号　pp.58-61

講談社現代新書　2268

生命のからくり

二〇一四年六月二〇日第一刷発行　二〇二三年一一月二日第四刷発行

著者　中屋敷均　

発行者　髙橋明男

発行所　株式会社講談社
東京都文京区音羽二丁目一二―二一　郵便番号一一二―八〇〇一

電話　〇三―五三九五―三五二一　編集（現代新書）
〇三―五三九五―四四一五　販売
〇三―五三九五―三六一五　業務

装幀者　中島英樹

印刷所　株式会社ＫＰＳプロダクツ

製本所　株式会社ＫＰＳプロダクツ

定価はカバーに表示してあります　Printed in Japan

N.D.C.461　204p　18cm
ISBN978-4-06-288268-2

「講談社現代新書」の刊行にあたって

教養は万人が身をもって養い創造すべきものであって、一部の専門家の占有物として、ただ一方的に人々の手もとに配布され伝達されうるものではありません。

しかし、不幸にしてわが国の現状では、教養の重要な養いとなるべき書物は、ほとんど講壇からの天下りや単なる解説に終始し、知識技術を真剣に希求する青少年・学生・一般民衆の根本的な疑問や興味は、けっして十分に答えられ、解きほぐされ、手引きされることがありません。万人の内奥から発した真正の教養への芽ばえが、こうして放置され、むなしく滅びさる運命にゆだねられているのです。

このことは、中・高校だけで教育をおわる人々の成長をはばんでいるだけでなく、大学に進んだり、インテリと目されたりする人々の精神力の健康さえもむしばみ、わが国の文化の実質をまことに脆弱なものにしています。単なる博識以上の根強い思索力・判断力、および確かな技術にささえられた教養を必要とする日本の将来にとって、これは真剣に憂慮されなければならない事態であるといわなければなりません。

わたしたちの「講談社現代新書」は、この事態の克服を意図して計画されたものです。これによってわたしたちは、講壇からの天下りでもなく、単なる解説書でもない、もっぱら万人の魂に生ずる初発的かつ根本的な問題をとらえ、掘り起こし、手引きし、しかも最新の知識への展望を万人に確立させる書物を、新しく世の中に送り出したいと念願しています。

わたしたちは、創業以来民衆を対象とする啓蒙の仕事に専心してきた講談社にとって、これこそもっともふさわしい課題であり、伝統ある出版社としての義務でもあると考えているのです。

一九六四年四月　野間省一

自然科学・医学

1141 安楽死と尊厳死――保阪正康
1328 「複雑系」とは何か――吉永良正
1343 カンブリア紀の怪物たち　サイモン・コンウェイ・モリス　松井孝典 監訳
1500 科学の現在を問う　村上陽一郎
1511 優生学と人間社会――米本昌平 松原洋子 橳島次郎 市野川容孝
1689 時間の分子生物学――粂和彦
1700 核兵器のしくみ――山田克哉
1706 新しいリハビリテーション　大川弥生
1786 数学的思考法――芳沢光雄
1805 人類進化の700万年　三井誠
1813 はじめての〈超ひも理論〉　川合光
1840 算数・数学が得意になる本　芳沢光雄

1861 〈勝負脳〉の鍛え方――林成之
1881 「生きている」を見つめる医療――中村桂子 山岸敦
1891 生物と無生物のあいだ　福岡伸一
1925 数学でつまずくのはなぜか　小島寛之
1929 脳のなかの身体――宮本省三
2000 世界は分けてもわからない　福岡伸一
2023 ロボットとは何か――石黒浩
2039 ソーシャルブレインズ入門　藤井直敬
2097 〈麻薬〉のすべて――船山信次
2122 量子力学の哲学――森田邦久
2166 化石の分子生物学――更科功
2191 DNA医学の最先端　大野典也
2204 森の力――宮脇昭

2219 宇宙はなぜこのような宇宙なのか――青木薫
2226 宇宙生物学で読み解く「人体」の不思議――吉田たかよし
2244 呼鈴の科学――吉田武
2262 生命誕生――中沢弘基
2265 SFを実現する――田中浩也
2268 生命のからくり――中屋敷均
2269 認知症を知る――飯島裕一
2292 認知症の「真実」――東田勉
2359 ウイルスは生きている　中屋敷均
2370 明日、機械がヒトになる　海猫沢めろん
2384 ゲノム編集とは何か　小林雅一
2395 不要なクスリ 無用な手術　富家孝
2434 生命に部分はない――A・キンブレル 福岡伸一 訳

日本語・日本文化